普通高等教育"十一五"国家级规划教材

全国高等学校自动化专业系列教材
教育部高等学校自动化专业教学指导分委员会牵头规划

国家级精品课程教材

Comprehensive Experiments
on Principles of Automatic Control

自动控制原理
综合实验教程

王建辉　王彦婷　主编
Wang Jianhui　Wang Yanting

清华大学出版社
北　京

内 容 简 介

"自动控制原理"是自动化相关专业的基础理论课。本书主要介绍自动控制原理的经典验证性实验及综合设计性系统实验。全书共11章,内容包括自动控制系统的时域分析、根轨迹法、频率法、控制系统的校正、非线性系统分析、线性离散系统、基于 ELVIS Ⅱ 的控制系统设计、单自由度垂直起降飞行器控制系统的设计、旋转倒立摆控制系统的设计、实验中常用仪器设备的使用、实验报告等。

本书可作为全国普通高等学校自动化及仪表、电气传动、计算机、机械、化工、航空航天等相关专业的学生深入学习和理解"自动控制原理"课程内容的辅助用书。

图书在版编目(CIP)数据

自动控制原理综合实验教程/王建辉,王彦婷主编.—北京:清华大学出版社,2020.9(2025.6重印)
全国高等学校自动化专业系列教材
ISBN 978-7-302-56004-3

Ⅰ.①自… Ⅱ.①王…②王… Ⅲ.①自动控制理论—实验—高等学校—教材
Ⅳ.①TP13-33

中国版本图书馆 CIP 数据核字(2020)第 121764 号

责任编辑:赵　凯
封面设计:傅瑞学
责任校对:焦丽丽
责任印制:丛怀宇

出版发行:清华大学出版社
　　　网　　　址:https://www.tup.com.cn,https://www.wqxuetang.com
　　　地　　　址:北京清华大学学研大厦 A 座　　　　邮　　编:100084
　　　社 总 机:010-83470000　　　　　　　　　　邮　　购:010-62786544
　　　投稿与读者服务:010-62776969,c-service@tup.tsinghua.edu.cn
　　　质量反馈:010-62772015,zhiliang@tup.tsinghua.edu.cn
　　　课件下载:https://www.tup.com.cn,010-83470236
印 装 者:涿州市般润文化传播有限公司
经　　销:全国新华书店
开　　本:175mm×245mm　　印　张:13　　　　字　　数:263 千字
版　　次:2020 年 10 月第 1 版　　　　　　　印　　次:2025 年 6 月第 4 次印刷
印　　数:2101～2600
定　　价:35.00 元

产品编号:087012-01

出版说明

"全国高等学校自动化专业系列教材"

为适应我国对高等学校自动化专业人才培养的需要,配合各高校教学改革的进程,创建一套符合自动化专业培养目标和教学改革要求的新型自动化专业系列教材,"教育部高等学校自动化专业教学指导分委员会"(简称"教指委")联合了"中国自动化学会教育工作委员会"、"中国电工技术学会高校工业自动化教育专业委员会"、"中国系统仿真学会教育工作委员会"和"中国机械工业教育协会电气工程及自动化学科委员会"四个委员会,以教学创新为指导思想,以教材带动教学改革为方针,设立专项资助基金,采用全国公开招标方式,组织编写出版了一套自动化专业系列教材——"全国高等学校自动化专业系列教材"。

本系列教材主要面向本科生,同时兼顾研究生;覆盖面包括专业基础课、专业核心课、专业选修课、实践环节课和专业综合训练课;重点突出自动化专业基础理论和前沿技术;以文字教材为主,适当包括多媒体教材;以主教材为主,适当包括习题集、实验指导书、教师参考书、多媒体课件、网络课程脚本等辅助教材;力求做到符合自动化专业培养目标、反映自动化专业教育改革方向、满足自动化专业教学需要;努力创造使之成为具有先进性、创新性、适用性和系统性的特色品牌教材。

本系列教材在"教指委"的领导下,从 2004 年起,通过招标机制,计划用 3~4 年时间出版 50 本左右教材,2006 年开始陆续出版问世。为满足多层面、多类型的教学需求,同类教材可能出版多种版本。

本系列教材的主要读者群是自动化专业及相关专业的大学生和研究生,以及相关领域和部门的科学工作者和工程技术人员。我们希望本系列教材既能为在校大学生和研究生的学习提供内容先进、论述系统和适于教学的教材或参考书,也能为广大科学工作者和工程技术人员的知识更新与继续学习提供适合的参考资料。感谢使用本系列教材的广大教师、学生和科技工作者的热情支持,并欢迎提出批评和意见。

"全国高等学校自动化专业系列教材"编审委员会

2005 年 10 月于北京

序

FOREWORD ≫≫

　　自动化学科有着光荣的历史和重要的地位,20 世纪 50 年代我国政府就十分重视自动化学科的发展和自动化专业人才的培养。五十多年来,自动化科学技术在众多领域发挥了重大作用,如航空、航天等,两弹一星的伟大工程就包含了许多自动化科学技术的成果。自动化科学技术也改变了我国工业整体的面貌,不论是石油化工、电力、钢铁,还是轻工、建材、医药等领域都要用到自动化手段,在国防工业中自动化的作用更是巨大的。现在,世界上有很多非常活跃的领域都离不开自动化技术,比如机器人、月球车等。另外,自动化学科对一些交叉学科的发展同样起到了积极的促进作用,例如网络控制、量子控制、流媒体控制、生物信息学、系统生物学等学科就是在系统论、控制论、信息论的影响下得到不断的发展。在整个世界已经进入信息时代的背景下,中国要完成工业化的任务还很重,或者说我们正处在后工业化的阶段。因此,国家提出走新型工业化的道路和"信息化带动工业化,工业化促进信息化"的科学发展观,这对自动化科学技术的发展是一个前所未有的战略机遇。

　　机遇难得,人才更难得。要发展自动化学科,人才是基础、是关键。高等学校是人才培养的基地,或者说人才培养是高等学校的根本。作为高等学校的领导和教师始终要把人才培养放在第一位,具体对自动化系或自动化学院的领导和教师来说,要时刻想着为国家关键行业和战线培养和输送优秀的自动化技术人才。

　　影响人才培养的因素很多,涉及教学改革的方方面面,包括如何拓宽专业口径、优化教学计划、增强教学柔性、强化通识教育、提高知识起点、降低专业重心、加强基础知识、强调专业实践等,其中构建融会贯通、紧密配合、有机联系的课程体系,编写有利于促进学生个性发展、培养学生创新能力的教材尤为重要。清华大学吴澄院士领导的《全国高等学校自动化专业系列教材》编审委员会,根据自动化学科对自动化技术人才素质与能力的需求,充分吸取国外自动化教材的优势与特点,在全国范围内,以招标方式,组织编写了这套自动化专业系列教材,这对推动高等学校自动化专业发展与人才培养具有重要的意义。这套系列教材的建设有新思路、新机制,适应了高等学校教学改革与发展的新形势,立足创建精品教材,重视实践性环节在人才培养中的作用,采用了竞争机制,以激励和推动教材建设。

在此，我谨向参与本系列教材规划、组织、编写的老师致以诚挚的感谢，并希望该系列教材在全国高等学校自动化专业人才培养中发挥应有的作用。

吴启迪 教授

2005 年 10 月于教育部

序

FOREWORD >>>>

　　《全国高等学校自动化专业系列教材》编审委员会在对国内外部分大学有关自动化专业的教材做深入调研的基础上,广泛听取了各方面的意见,以招标方式,组织编写了一套面向全国本科生(兼顾研究生)、体现自动化专业教材整体规划和课程体系、强调专业基础和理论联系实际的系列教材,自 2006 年起将陆续面世。全套系列教材共 50 多本,涵盖了自动化学科的主要知识领域,大部分教材都配置了包括电子教案、多媒体课件、习题辅导、课程实验指导书等立体化教材配件。此外,为强调落实"加强实践教育,培养创新人才"的教学改革思想,还特别规划了一组专业实验教程,包括《自动控制原理实验教程》、《运动控制实验教程》、《过程控制实验教程》、《检测技术实验教程》和《计算机控制系统实验教程》等。

　　自动化科学技术是一门应用性很强的学科,面对的是各种各样错综复杂的系统,控制对象可能是确定性的,也可能是随机性的;控制方法可能是常规控制,也可能需要优化控制。这样的学科专业人才应该具有什么样的知识结构,又应该如何通过专业教材来体现,这正是"系列教材编审委员会"规划系列教材时所面临的问题。为此,设立了《自动化专业课程体系结构研究》专项研究课题,成立了由清华大学萧德云教授负责,包括清华大学、上海交通大学、西安交通大学和东北大学等多所院校参与的联合研究小组,对自动化专业课程体系结构进行深入的研究,提出了按"控制理论与工程、控制系统与技术、系统理论与工程、信息处理与分析、计算机与网络、软件基础与工程、专业课程实验"等知识板块构建的课程体系结构。以此为基础,组织规划了一套涵盖几十门自动化专业基础课程和专业课程的系列教材。从基础理论到控制技术,从系统理论到工程实践,从计算机技术到信号处理,从设计分析到课程实验,涉及的知识单元多达数百个、知识点几千个,介入的学校 50 多所,参与的教授 120 多人,是一项庞大的系统工程。从编制招标要求、公布招标公告,到组织投标和评审,最后商定教材大纲,凝聚着全国百余名教授的心血,为的是编写出版一套具有一定规模、富有特色的、既考虑研究型大学又考虑应用型大学的自动化专业创新型系列教材。

　　然而,如何进一步构建完善的自动化专业教材体系结构? 如何建设基础知识与最新知识有机融合的教材? 如何充分利用现代技术,适应现代大学生的接受习惯,改变教材单一形态,建设数字化、电子化、网络化等多元形态、开放性的"广义教材"? 等等,这些都还有待我们进行更深入的研究。

　　本套系列教材的出版,对更新自动化专业的知识体系、改善教学条件、创造个性化的教学环境,一定会起到积极的作用。但是由于受各方面条件所限,本套教材从整体结构到每本书的知识组成都可能存在许多不当甚至谬误之处,还望使用本套教材的广大教师、学生及各界人士不吝批评指正。

吴澄 院士

2005 年 10 月于清华大学

前言

"自动控制原理"是自动化及相关专业的基础课,为提高学生的动手能力、分析问题和解决问题的能力,各院校近年来都在积极推进实验教学改革。随着信息化、数字化时代迈向智能化时代,计算机仿真技术、虚拟仿真技术、AR/VR 技术、网络技术等都为改进实验提供了新的技术环境。

为了帮助广大读者更好地掌握和理解"自动控制原理"中有关自动控制系统的基本原理、自动控制系统的分析与设计方法,理论联系实际,也为了使学生可以感受时代的气息,提高做实验的兴趣,我们优选了传统模拟仿真实验,利用网络技术、虚拟仿真技术开发了线上实验操作内容,同时编写了这本与《自动控制原理》(王建辉、顾树生主编,杨子厚主审)配套使用的《自动控制原理综合实验教程》。

考虑到本书是与《自动控制原理》(全国高等学校自动化专业系列教程)完全对应,所以在书中只针对有具体实验操作的章节,给出需要加深理解的章节要点,相应的基本概念、基本方法等在《自动控制原理》中已有详细讲解,本书不加赘述。

本书由王建辉、王彦婷主编。其中,王彦婷负责第 1、4、7 章,李鸿儒负责第 2 章,方小柯负责第 3 章,徐林负责第 5 章,张羽负责第 6 章,王建辉负责第 8 章,郑艳负责第 9 章,陈姝雨负责第 10 章,梁岩负责第 11 章。全书由王彦婷整理并校对。

本书的实验内容开发得到很多行业专家的指导,包括美国国家仪器公司的刘洋工程师,沈阳实拓科技有限公司的王帅工程师等。在编写过程中参考并汲取了许多院校专家的著作和经验,我们的硕士研究生林治富、李弟等在本书的录入、画图、校对等过程中做了很多工作,在此表示感谢!

由于编者水平有限,不足之处在所难免,敬请广大读者谅解并予以指正,我们将不胜感激!

编　者

2020 年 1 月于沈阳

目录

CONTENTS ▶▶▶▶

第一篇 基础实验

第 1 章 自动控制系统的时域分析 ·········· 3

1.1 基础知识 ·········· 3

1.1.1 一阶系统的阶跃响应 ·········· 3

1.1.2 二阶系统的阶跃响应 ·········· 4

1.1.3 高阶系统的动态响应 ·········· 8

1.1.4 自动控制系统的代数稳定判据 ·········· 8

1.1.5 稳态误差 ·········· 10

1.2 【实验一】 控制系统典型环节的模拟 ·········· 13

1.2.1 实验目的 ·········· 13

1.2.2 实验设备 ·········· 13

1.2.3 实验原理 ·········· 13

1.2.4 实验内容 ·········· 15

1.3 【实验二】 一阶系统的时域响应及参数测定 ·········· 16

1.3.1 实验目的 ·········· 16

1.3.2 实验设备 ·········· 16

1.3.3 实验原理 ·········· 16

1.3.4 实验内容 ·········· 17

1.4 【实验三】 二阶系统的暂态响应分析 ·········· 18

1.4.1 实验目的 ·········· 18

1.4.2 实验设备 ·········· 18

1.4.3 实验原理 ·········· 19

1.4.4 实验内容 ·········· 20

1.5 【实验四】 三阶系统的暂态响应及稳定性分析 ·········· 21

1.5.1 实验目的 ·········· 21

1.5.2 实验设备 ·········· 21

1.5.3 实验原理 ·········· 21

1.5.4 实验内容 ·········· 22

1.6 【实验五】 控制系统的稳态误差分析 ·········· 23

1.6.1　实验目的 ……………………………………………………… 23

1.6.2　实验设备 ……………………………………………………… 23

1.6.3　实验原理 ……………………………………………………… 23

1.6.4　实验内容 ……………………………………………………… 24

第2章　根轨迹法 ………………………………………………………… 25

2.1　基础知识 …………………………………………………………… 25

2.1.1　根轨迹法的基本概念 ………………………………………… 25

2.1.2　根轨迹的绘制法则 …………………………………………… 26

2.1.3　零度根轨迹 …………………………………………………… 27

2.1.4　根轨迹法分析系统的动态特性 ……………………………… 28

2.2　【实验六】　零极点对系统性能的影响 ………………………… 28

2.2.1　实验目的 ……………………………………………………… 28

2.2.2　实验设备 ……………………………………………………… 29

2.2.3　实验原理 ……………………………………………………… 29

2.2.4　实验内容 ……………………………………………………… 29

第3章　频率法 …………………………………………………………… 31

3.1　基础知识 …………………………………………………………… 31

3.1.1　频率特性的基本概念 ………………………………………… 31

3.1.2　频率特性的表示方法 ………………………………………… 32

3.1.3　典型环节的频率特性 ………………………………………… 32

3.1.4　开环频率特性 ………………………………………………… 38

3.1.5　奈奎斯特稳定判据 …………………………………………… 40

3.1.6　闭环频率特性 ………………………………………………… 40

3.1.7　系统动态性能与频率特性的关系 …………………………… 42

3.2　【实验七】　惯性环节频率特性的测试 ………………………… 45

3.2.1　实验目的 ……………………………………………………… 45

3.2.2　实验设备 ……………………………………………………… 45

3.2.3　实验原理 ……………………………………………………… 45

3.2.4　实验内容 ……………………………………………………… 46

3.3　【实验八】　线性系统频率特性的测试 ………………………… 47

3.3.1　实验目的 ……………………………………………………… 47

3.3.2　实验设备 ……………………………………………………… 47

3.3.3　实验原理 ……………………………………………………… 47

3.3.4　实验内容 ……………………………………………………… 47

第4章　控制系统的校正 ……………………………………………… 49

　4.1　基础知识 ……………………………………………………… 49
　　4.1.1　基本校正方法 ……………………………………………… 49
　　4.1.2　串联校正 …………………………………………………… 51
　　4.1.3　反馈校正 …………………………………………………… 52
　　4.1.4　复合校正 …………………………………………………… 53
　4.2　【实验九】 PID控制器的动态特性 ………………………… 54
　　4.2.1　实验目的 …………………………………………………… 54
　　4.2.2　实验设备 …………………………………………………… 54
　　4.2.3　实验原理 …………………………………………………… 54
　　4.2.4　实验内容 …………………………………………………… 55
　4.3　【实验十】 控制系统的动态校正 …………………………… 56
　　4.3.1　实验目的 …………………………………………………… 56
　　4.3.2　实验设备 …………………………………………………… 56
　　4.3.3　实验原理 …………………………………………………… 56
　　4.3.4　实验内容 …………………………………………………… 59

第5章　非线性系统分析 ……………………………………………… 61

　5.1　基础知识 ……………………………………………………… 61
　5.2　【实验十一】 典型非线性环节的模拟 ……………………… 62
　　5.2.1　实验目的 …………………………………………………… 62
　　5.2.2　实验设备 …………………………………………………… 62
　　5.2.3　实验原理 …………………………………………………… 62
　　5.2.4　实验内容 …………………………………………………… 64

第6章　线性离散系统 ………………………………………………… 65

　6.1　基础知识 ……………………………………………………… 65
　　6.1.1　线性离散系统的基本概念 ………………………………… 65
　　6.1.2　离散时间函数的数学表达式及采样定理 ………………… 66
　6.2　【实验十二】 信号的采样与恢复 …………………………… 69
　　6.2.1　实验目的 …………………………………………………… 69
　　6.2.2　实验设备 …………………………………………………… 69
　　6.2.3　实验原理 …………………………………………………… 69
　　6.2.4　实验内容 …………………………………………………… 71

第二篇　系统实验

第7章　基于 NI ELVIS Ⅱ 的控制系统设计 …………………………………… 75

7.1　NI ELVIS Ⅱ 虚拟教学平台 ………………………………………… 75

　　7.1.1　NI ELVIS Ⅱ 的硬件平台 ……………………………… 75

　　7.1.2　NI ELVIS Ⅱ 的虚拟仪器 ……………………………… 76

7.2　基于 NI ELVIS Ⅱ 的数据采集 ……………………………………… 77

　　7.2.1　常用 DAQmx API 函数 ………………………………… 77

　　7.2.2　模拟信号的输入 …………………………………………… 81

　　7.2.3　模拟信号的输出 …………………………………………… 82

7.3　【实验一】　旋转运动控制系统的设计 ……………………………… 82

　　7.3.1　实验目的 …………………………………………………… 82

　　7.3.2　实验设备 …………………………………………………… 82

　　7.3.3　实验原理 …………………………………………………… 83

　　7.3.4　实验内容 …………………………………………………… 84

第8章　单自由度垂直起降飞行器控制系统的设计 ……………………………… 85

8.1　QNET 2.0 VTOL 实验板简介 ……………………………………… 85

　　8.1.1　QNET 2.0 VTOL 实验板介绍 ………………………… 85

　　8.1.2　QNET 2.0 VTOL 实验板常见问题 …………………… 87

8.2　【实验二】　单自由度垂直起降飞行器控制系统的设计 …………… 88

　　8.2.1　实验目的 …………………………………………………… 88

　　8.2.2　实验设备 …………………………………………………… 88

　　8.2.3　实验原理 …………………………………………………… 89

　　8.2.4　实验内容 …………………………………………………… 95

第9章　一阶旋转倒立摆控制系统的设计 ……………………………………… 100

9.1　QNET Rotary Inverted Pendulum 实验板简介 ………………… 100

　　9.1.1　QNET Rotary Inverted Pendulum 实验板介绍 …… 100

　　9.1.2　QNET Rotary Inverted Pendulum 实验板常见问题……… 102

9.2　【实验三】　一阶旋转倒立摆控制系统的设计 ……………………… 102

　　9.2.1　实验目的 …………………………………………………… 102

　　9.2.2　实验设备 …………………………………………………… 102

　　9.2.3　实验原理 …………………………………………………… 102

　　9.2.4　实验内容 …………………………………………………… 109

第三篇　常用仪器设备使用及实验报告

第 10 章　实验中常用仪器设备的使用 ·· 115

10.1　自动控制原理电路板 ·· 115

10.2　数字万用表 ·· 116

10.3　数字存储示波器 ·· 117

　　　10.3.1　硬件入门 ·· 118

　　　10.3.2　示波器的基础功能 ·· 121

　　　10.3.3　示波器的高级功能 ·· 129

　　　10.3.4　示波器 Web 界面 ·· 131

第 11 章　实验报告 ··· 135

11.1　实验要求 ·· 135

　　　11.1.1　实验要求及评分标准 ·· 135

　　　11.1.2　实验调试及测试数据处理 ······································ 137

11.2　基础实验报告 ·· 141

　　　11.2.1　【实验一】　控制系统典型环节的模拟 ························· 141

　　　11.2.2　【实验二】　一阶系统的时域响应及参数测定 ··············· 143

　　　11.2.3　【实验三】　二阶系统的暂态响应分析 ····················· 145

　　　11.2.4　【实验四】　三阶系统的暂态响应及稳定性分析 ············· 147

　　　11.2.5　【实验五】　控制系统的稳态误差分析 ····················· 149

　　　11.2.6　【实验六】　零极点对系统性能的影响 ····················· 151

　　　11.2.7　【实验七】　惯性环节频率特性的测试 ····················· 153

　　　11.2.8　【实验八】　线性系统频率特性的测试 ····················· 155

　　　11.2.9　【实验九】　PID 控制器的动态特性 ······················· 159

　　　11.2.10　【实验十】　控制系统的动态校正 ························· 161

　　　11.2.11　【实验十一】　典型非线性环节的模拟 ··················· 163

　　　11.2.12　【实验十二】　信号的采样与恢复 ······················· 165

11.3　系统实验报告 ·· 167

　　　11.3.1　【实验一】　旋转运动控制系统的设计 ····················· 167

　　　11.3.2　【实验二】　单自由度垂直起降飞行器控制系统的设计 ······ 169

　　　11.3.3　【实验三】　一阶旋转倒立摆控制系统的设计 ············· 177

11.4　常用仪器设备使用预习报告 ·· 183

参考文献 ··· 187

第一篇 基础实验

自动控制系统主要研究的内容是分析和设计控制系统。控制系统的分析是对已知系统分析其稳态性能和暂态性能，通过分析了解系统的特性。对控制系统的基本要求为：稳，要求系统稳定；准，稳态误差要小；快，响应快，超调量小，调整时间短。对于线性系统，常用的分析方法有时域分析法、根轨迹分析法和频域分析法。而控制系统的设计是根据不同的控制对象，按照控制要求达到期望的系统性能指标来设计系统。

控制系统类型有多种，按控制系统结构分类，系统可分为开环、闭环和复合控制系统；按控制系统特性分类，系统又可分为线性系统和非线性系统、定常系统和时变系统、连续系统和离散系统。

闭环控制系统或称反馈控制系统是系统被控量在变换后反馈到输入端，构成信号回路的闭环结构。闭环控制系统是研究应用最多的自动控制系统结构，典型的闭环控制系统由给定装置、比较元件、校正装置、放大元件、执行机构、反馈装置（检测装置）和被控对象组成，系统结构图如图一所示。

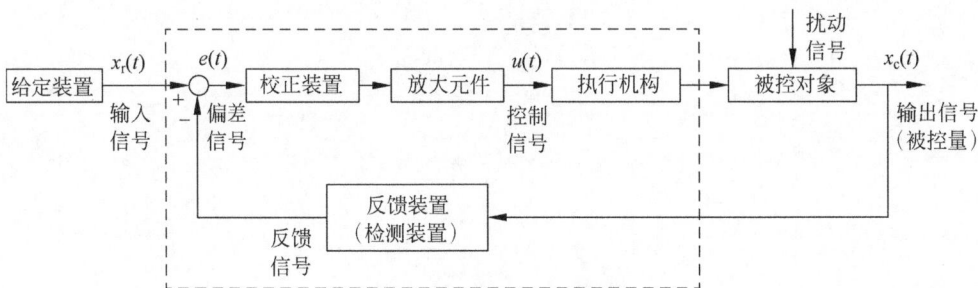

图一　闭环控制系统结构图

第1章 自动控制系统的时域分析

1.1 基础知识

时域分析是通过直接求解系统在典型输入信号作用下的时域响应来分析系统的暂态和稳态性能及稳定性。

典型输入信号有阶跃信号、脉冲信号、斜坡信号、抛物线信号、正弦信号。

暂态性能指标中,峰值时间 t_p、上升时间 t_r 和调节时间 t_s 表示暂态过程的快慢,是快速性指标。超调量 $\sigma\%$ 和振荡次数 N 反映系统暂态过程振荡的激烈程度,是振荡性指标,一般超调量和调节时间是最常使用的两种暂态性能指标。

稳态过程的主要性能指标是稳态误差。

对一个控制系统的要求与该系统的用途和具体工作条件有关,而且不论是时域分析还是频域分析,对系统的基本要求总是以下三个方面:

(1) 系统的稳定性;

(2) 系统进入稳态后,应满足给定的稳态误差要求;

(3) 系统在动态过程中应满足动态品质的要求。

1.1.1 一阶系统的阶跃响应

1. 一阶系统的数学模型

一阶系统的微分方程为

$$T \frac{\mathrm{d}x_c(t)}{\mathrm{d}t} + x_c(t) = x_r(t) \tag{1-1}$$

式中,$x_r(t)$ 为系统输入量;$x_c(t)$ 为系统输出量;T 为系统的时间常数,表征系统的惯性,对于不同系统,T 具有不同的物理意义,但总是具有时间“秒”的量纲。

一阶系统的结构图,如图 1-1 所示。其闭环传递函数为:

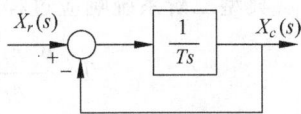

图 1-1 一阶控制系统

$$W_B(s) = \frac{X_c(s)}{X_r(s)} = \frac{1}{Ts+1} \tag{1-2}$$

2. 一阶系统的单位阶跃响应

系统的输入为单位阶跃信号，由式(1-2)可得：

$$X_c(s) = W_B(s)X_r(s) = \frac{1}{Ts+1}\frac{1}{s} \tag{1-3}$$

对式(1-3)进行拉普拉斯反变换，可得系统的单位阶跃响应：

$$x_c(t) = x_{ss} + x_{ts} = 1 - e^{-\frac{1}{T}t} \quad t \geqslant 0 \tag{1-4}$$

式中，$x_{ss}=1$ 代表稳态分量；$x_{ts}=-e^{-\frac{1}{T}t}$ 代表暂态分量。当时间 t 趋于无穷大时，x_{ts} 衰减为零，显然一阶系统是一条由零开始，按指数规律上升并最终趋于 1 的曲线。曲线上各点的值、斜率与时间常数 T 之间的关系如表 1-1 所示。

表 1-1 一阶系统单位阶跃响应曲线上各点关系

时间 t	0	T	$2T$	$3T$	...	∞
输出量	0	0.632	0.865	0.95	...	1.0
斜率	$1/T$	$0.368/T$	$0.135/T$	$0.05/T$		0

单位阶跃响应的特点如下：

(1) 响应曲线是单调上升的指数曲线，具有非振荡特征，故也称为非周期响应。

(2) 时间常数 T 是表征系统响应特性的唯一参数，反映系统惯性，时间常数大表示系统惯性大，响应速度慢，系统跟踪单位阶跃信号慢，响应曲线上升平缓，反之，惯性小，响应快，信号跟踪快，响应曲线上升陡峭。

(3) 一阶系统的单位阶跃响应没有超调量，所以其性能指标主要是调节时间 t_s，它表征过渡过程进行的快慢，系统的时间常数 T 越小，调节时间 t_s 越小，响应过程的快速性也越好。

当 $t_s=3T$ 时，对应 5% 误差带；当 $t_s=4T$ 时，对应 2% 误差带。

1.1.2 二阶系统的阶跃响应

1. 二阶系统的数学模型

典型二阶系统响应过程的微分方程为：

$$T^2\frac{\mathrm{d}^2 x_c(t)}{\mathrm{d}t^2} + 2\xi T\frac{\mathrm{d}x_c(t)}{\mathrm{d}t} + x_c(t) = x_r(t) \tag{1-5}$$

式中，T 为二阶系统的时间常数；ξ 为二阶系统的阻尼比。

典型的二阶系统标准传递函数表达形式为:

$$W_K(s) = \frac{\omega_n^2}{s(s + 2\xi\omega_n)} \tag{1-6}$$

$$W_B(s) = \frac{\omega_n^2}{s^2 + 2\xi\omega_n s + \omega_n^2} \tag{1-7}$$

式中，$\omega_n = \dfrac{1}{T}$ 为二阶系统的自然振荡角频率。

二阶系统标准形式的结构图如图 1-2 所示。

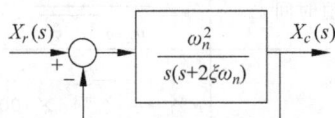

图 1-2　二阶系统标准形式的结构图

2. 典型二阶系统的动态特性

系统的特征方程为:

$$s^2 + 2\xi\omega_n s + \omega_n^2 = (s + p_1)(s + p_2) = 0 \tag{1-8}$$

由特征方程求解的特征根，与阻尼比 ξ 有关，二阶系统的阻尼比 $\xi < 0$，为不稳定系统，不予讨论，下面分别就过阻尼、欠阻尼、临界阻尼和无阻尼 4 种情况来分析系统动态特性，如表 1-2 所示。

表 1-2　典型二阶系统的动态性能

阻尼比	特　征　根	单位阶跃响应	响应状态
$\xi > 1$	$-p_{1,2} = -\xi\omega_n \pm \omega_n\sqrt{1-\xi^2}$ 负实轴上两个互异的根	$x_c(t) = 1 - \dfrac{1}{2\sqrt{\xi^2-1}}\left(\dfrac{\mathrm{e}^{-(\xi-\sqrt{\xi^2-1})\omega_n t}}{\xi-\sqrt{\xi^2-1}} - \dfrac{\mathrm{e}^{-(\xi+\sqrt{\xi^2-1})\omega_n t}}{\xi+\sqrt{\xi^2-1}}\right)$ $(t \geqslant 0)$	单调上升
$0 < \xi < 1$	$-p_{1,2} = -\xi\omega_n \pm \mathrm{j}\omega_n\sqrt{1-\xi^2}$ 左平面一对共轭复根	$x_c(t) = 1 - \dfrac{1}{\sqrt{1-\xi^2}}\mathrm{e}^{-\xi\omega_n t}\sin(\omega_d t + \theta)$ $(t \geqslant 0)$ $\omega_d = \omega_n\sqrt{1-\xi^2}$，阻尼振荡角频率 $\theta = \arctan\dfrac{\sqrt{1-\xi^2}}{\xi}$，阻尼角，为共轭复根对负实轴的张角	衰减振荡
$\xi = 1$	$-p_{1,2} = -\omega_n$ 负实轴一对重根	$x_c(t) = 1 - \mathrm{e}^{-\omega_n t}(1 + \omega_n t)$ $(t \geqslant 0)$	按指数规律单调上升
$\xi = 0$	$-p_{1,2} = \pm\mathrm{j}\omega_n$ 虚轴上一对共轭虚根	$x_c(t) = 1 - \cos\omega_n t$ $(t \geqslant 0)$	等幅周期振荡

3. 二阶系统动态性能指标

确定二阶系统的动态性能指标基于两个条件:第一,性能指标是根据系统对单位阶跃响应给出的;第二,初始条件为零。各指标如表 1-3 所示。

表 1-3　二阶系统的动态性能指标

动态性能指标	$0<\xi<1$	$\xi=1$	$\xi>1$
上升时间 t_r	$t_r=\dfrac{\pi-\theta}{\omega_n\sqrt{1-\xi^2}}$	由系统稳态值的 10% 上升到 90% 所需的时间，$t_r=\dfrac{1+1.5\xi+\xi^2}{\omega_n}$	
峰值时间 t_p	$t_p=\dfrac{\pi}{\omega_n\sqrt{1-\xi^2}}$	无	
超调量 $\sigma\%$	$\sigma\%=e^{-\frac{\xi\pi}{\sqrt{1-\xi^2}}}\times100\%$ 超调量只与 ξ 值有关系，阻尼比 ξ 越小，超调量越大	无	
调节时间 t_s	$t_s(5\%)\approx\dfrac{3}{\xi\omega_n}$ $t_s(2\%)\approx\dfrac{4}{\xi\omega_n}$	$t_s(5\%)\approx\dfrac{4.75}{\omega_n}$ $t_s(2\%)\approx\dfrac{5.84}{\omega_n}$ $-p_{1,2}=-\omega_n$	由牛顿迭代法求得 $\xi=1.25$，即当 $-p_2=-4p_1$ 时，$t_s(5\%)\approx\dfrac{3.3}{p_1}=\dfrac{6.6}{\omega_n}$ $t_s(2\%)\approx\dfrac{4.2}{p_1}=\dfrac{8.4}{\omega_n}$ ω_n、ξ 和 t_s 近似为线性关系；当 $|-p_2|\geqslant4|-p_1|$ 时，过阻尼系统可由距离虚轴较近的极点 $-p_1$ 的一阶系统来近似表示：$t_s(5\%)\approx\dfrac{3}{p_1}$　$t_s(2\%)\approx\dfrac{4}{p_1}$
振荡次数 μ	$\mu=\dfrac{t_s}{t_f}$ $t_f=\dfrac{2\pi}{\omega_n\sqrt{1-\xi^2}}$，阻尼振荡的周期时间	无	

由表 1.3 可以得出以下结论：

(1) 阻尼比 ξ 是二阶系统的一个重要参量，由 ξ 值的大小可以间接判断二阶系统的动态品质，在过阻尼 $\xi>1$ 的情况下，动态特性为单调变化曲线，没有超调和振荡，但调节时间长，系统反应迟缓，当 $\xi\leqslant0$，输出等幅振荡或发散振荡，系统不能稳定工作。

(2) 一般情况，系统在欠阻尼 $0<\xi<1$ 的情况下工作，但是 ξ 过小，则超调量大，振荡次数多，调节时间长。为了限制超调量，并使调节时间较短，阻尼比一般在 0.4～0.8，工程上常取 $\xi=\sqrt{2}/2=0.707$ 为二阶系统最佳参数。

(3) 调节时间与系统阻尼比和自然振荡角频率这两个特征参数的乘积成反比，在阻尼比一定时，ω_n 越大，系统的调节时间越短。

4. 零极点对二阶系统动态性能的影响

(1) 具有零点的二阶系统

具有零点的二阶系统的闭环传递函数为：

$$\frac{X_c(s)}{X_r(s)} = \frac{\omega_n^2(s+z)}{z(s^2+2\xi\omega_n s+\omega_n^2)} \tag{1-9}$$

典型的具有零点的二阶系统的单位阶跃响应为：

$$x_c(t) = 1 - \frac{\sqrt{\xi^2 - 2r\xi^2 + r^2}}{\xi\sqrt{1-\xi^2}} e^{-\xi\omega_n t} \sin(\sqrt{1-\xi^2}\,\omega_n t + \varphi + \theta) \quad (t \geqslant 0) \tag{1-10}$$

式中，$r = \dfrac{\xi\omega_n}{z}$ 为闭环传递函数的复数极点的实部与零点的实部之比，φ 为共轭复根对零点的张角。由式(1-10)可以看出当阻尼比为定值时，闭环传递函数的零点影响二阶系统的动态特性。如果 z 值越小，即零点越靠近虚轴，则 r 值越大，振荡性越强；反之，如果 z 值越小，即零点离虚轴越远，则 r 值越小，振荡性相对减弱。总之，由于闭环传递函数零点的存在，振荡性增强。

(2) 二阶系统加极点的动态响应

二阶系统加极点后，系统变为三阶，其传递函数可等效为如下标准形式：

$$\frac{X_c(s)}{X_r(s)} = \frac{\omega_n^2 R_3}{(s^2+2\xi\omega_n s+\omega_n^2)(s+R_3)} \tag{1-11}$$

分析一般情况下 $0<\xi<1$ 时的单位阶跃响应为：

$$x_c(t) = 1 - \frac{e^{-\beta\xi\omega_n t}}{\xi^2\beta(\beta-2)+1}$$

$$- \frac{\beta\xi e^{-\xi\omega_n t}}{\sqrt{1-\xi^2}\sqrt{\xi^2\beta(\beta-2)+1}} \sin(\sqrt{1-\xi^2}\,\omega_n t + \theta) \quad (t \geqslant 0) \tag{1-12}$$

式中，$\beta = \dfrac{R_3}{\xi\omega_n}$ 是负实数极点 $-R_3$ 与共轭复数极点的负实部之比，$\theta = \arctan\dfrac{\xi(\beta-2)\sqrt{1-\xi^2}}{\xi^2(\beta-2)+1}$。

三阶系统的动态响应由三部分组成，即稳态分量、由极点 $-R_3$ 构成的指数函数项和由共轭复数极点构成的二阶系统暂态分量。影响系统动态性能的有两个因素：一个因素是共轭复数特征根的实部和负实根之比，即 $\beta = \dfrac{R_3}{\xi\omega_n}$，它反映了这两种特征根在复数平面上的相对位置；另一个因素为阻尼比 ξ，它对系统的影响与二阶系统相似。

当 $\beta \gg 1$ 时，与共轭复根相比，实根 $-R_3$ 距离虚轴较远，共轭复根距虚轴较近，因此系统的动态特性主要由共轭复根决定,系统呈二阶系统特性。

当 $\beta \ll 1$ 时,实根 $-R_3$ 距离虚轴较近,系统动态特性主要由 $-R_3$ 决定,系统呈现一阶系统特性。

一般情况下,$0 < \beta < \infty$,具有负实数极点的三阶系统,其动态特性的振荡性减弱,上升时间和调节时间增长,超调量减小,也就是相当于系统的惯性增强。

1.1.3   高阶系统的动态响应

高阶系统的闭环传递函数可表示零极点的形式为:

$$\frac{X_c(s)}{X_r(s)} = W_B(s) = \frac{K(s+z_1)(s+z_2)\cdots(s+z_m)}{(s+p_1)(s+p_2)\cdots(s+p_n)} \tag{1-13}$$

如果系统稳定,全部的极点和零点都互不相同,并且极点中含有共轭复数极点,其单位阶跃响应为:

$$x_c(t) = A_0 + \sum_{j=1}^{q} A_j e^{-p_j t} + \sum_{k=1}^{r} B_k e^{-\xi_k \omega_{nk} t} \cos\sqrt{1-\xi_k^2}\,\omega_{nk} t$$

$$+ \sum_{k=1}^{r} \frac{C_k - \xi_k \omega_{nk} B_k}{\sqrt{1-\xi_k^2}\,\omega_{nk} t} e^{-\xi_k \omega_{nk} t} \sin\sqrt{1-\xi_k^2}\,\omega_{nk} t$$

高阶系统的阶跃响应是由若干一阶系统与二阶系统动态响应组合而成,分析高阶系统单位阶跃响应表达式,可得出:

(1)指数项:p_j 和 $\xi_k \omega_{nk}$ 越大,极点的实部离虚轴越远,极点对应的动态响应分量衰减越快,对响应的影响越小。

(2)系数项:系数越小,对系统响应的影响越小,系数项不仅和极点在 s 平面中的位置有关,并且与零点的位置有关,以下几种情况,相应的系数都比较小。

① 某极点离原点很远,其暂态分量,幅值小,衰减快,对系统的动态影响很小;

② 某极点靠近一个零点,而又远离原点以及其他的极点,该极点对系统的动态影响很小。

③ 某极点远离零点且离原点近,相应的系数比较大,其暂态分量不仅幅值大,且衰减慢,对系统的响应很大。

(3)主导极点:离虚轴最近且周围没有零点,其他极点与虚轴的距离比该极点与虚轴的距离大于 5 倍,该极点成为主导极点,该极点通常以共轭复数的形式出现。主导极点决定了高阶系统单位阶跃响应的形式和暂态性能指标。具有主导极点的高阶系统,可以近似为以主导极点描述的一阶或二阶系统。

1.1.4   自动控制系统的代数稳定判据

线性控制系统能够正常工作的首要条件是必须稳定,分析系统的稳定性并提出保证系统稳定性的措施,是自动控制理论研究的基本任务之一。

　　如果线性系统受到扰动的作用而使被控量产生偏差,当扰动作用消失后,随着时间的推移,该偏差逐渐减小并趋向于零,即被控量趋向于原来的工作状态,则称系统稳定。

　　稳定性是系统本身的一种特性,取决于系统的结构与参数,与初始条件和输入量无关。而极点由系统的结构与参数决定,系统稳定性通过极点,即特征根来判定。

1. 线性系统稳定的充要条件

　　系统的特征根均在 s 左半平面,即特征根都具有负实部。

2. 代数稳定判据

　　必要条件:闭环特征多项式各项系数均大于零。

　　劳斯判据:系统特征方程各项系数列写劳斯表,方程的全部根都在 s 左半平面的充分必要条件是劳斯表中的第一列全部是整数。如果表中第一列元素出现小于零的数,则系统不稳定;第一列各元素符号改变的次数,就是特征方程正实部的个数。

　　使用劳斯判据,可能出现两种特殊情况:

　　(1) 劳斯表中第一列出现零,而该行其余元素不为零或不全为零。用一个无穷小的正数 ε 代替该行第一列的零元素,算出其余各项元素。

　　(2) 劳斯表的某一行中,所有系数都等于零。用全零行上一行元素构造一个辅助方程,辅助方程对 s 求导一次形成一个新方程,用新方程的系数代替劳斯表中的全零行系数,辅助方程的次数均为偶数。

　　用劳斯判据研究一阶、二阶、三阶系统,由劳斯判据可以得到一阶、二阶系统稳定的充分必要条件是:特征方程所有系数均为正。三阶系统稳定的充分必要条件是:特征方程所有系数均为正,且 $a_1 a_2 > a_0 a_3$。

　　赫尔维茨稳定判据:特征方程式的全部根都在左半复平面的充分必要条件是赫尔维茨行列式 D 的各阶主子式均大于 0。

　　谢绪恺判据:特征方程式($n>3$)的全部根具有负实部的必要条件为:

$$a_i a_{i+1} > a_{i-1} a_{i+2} \quad (n=1,2,\cdots,n-2)$$

其根全部具有负实部的充分条件为:

$$\frac{1}{3} a_i a_{i+1} > a_{i-1} a_{i+2} \quad (n=1,2,\cdots,n-2)$$

3. 相对稳定性

　　对于稳定系统,在 s 左半平面以最靠近虚轴的特征根距离虚轴的距离 σ 表示系统的相对稳定性,称系统具有 σ 的稳定裕度。

1.1.5 稳态误差

在稳态条件下,输出量的期望值和稳态值之间存在的误差,称为系统稳态误差。稳态误差的大小是衡量系统稳态性能的重要指标。影响系统稳态误差的因素很多,如系统的结构、系统的参数以及输入量的形式等。为了分析方便,把系统的稳态误差分为扰动稳态误差和给定稳态误差。扰动稳态误差用来衡量恒值系统的稳态品质,给定稳态误差是衡量随动系统稳态品质的指标。

1. 扰动稳态误差

控制系统扰动作用下的稳态误差,反映了系统的抗干扰能力。有扰动作用的控制系统如图 1-3 所示。

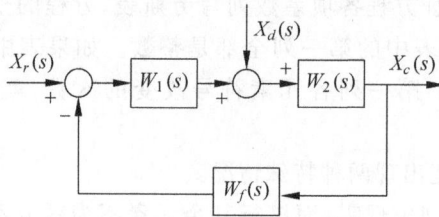

图 1-3   有扰动作用的控制系统

考虑扰动信号 $X_d(s)$ 时,可令输入量为 0,这时输出量 $X_c(t)$ 的变化量 $\Delta X_c(t)$ 为扰动误差,扰动误差的拉普拉斯变换为:

$$\Delta X_c(s) = \frac{W_2(s)\Delta X_d(s)}{1 + W_1(s)W_2(s)W_f(s)} \tag{1-14}$$

由拉普拉斯变换终值定理,求得扰动作用下的稳态误差为:

$$e_{ss} = \lim_{t \to \infty} \Delta X_c(t) = \lim_{s \to 0} s \Delta X_c(s) = \lim_{s \to 0} \frac{s W_1(s)\Delta X_d(s)}{1 + W_1(s)W_2(s)W_f(s)} \tag{1-15}$$

由于扰动点不同或扰动前向通道的不同,其扰动误差是不同的。若在扰动作用点与误差点之间增加一个积分环节,可减小或消除扰动误差。在扰动作用点之前环节的放大系数越大,系统的扰动误差越小。

根据线性系统的叠加原理,系统总的稳态误差为给定稳态误差加上扰动稳态误差。

2. 给定稳态误差

稳态误差表示系统对典型输入信号响应的准确程度,一般定义给定信号 $X_r(t)$ 与主反馈信号 $X_f(t)$ 之差为误差信号,这个误差是可以测量的,并不一定反映输出量的实际值和期望值之间的偏差,另一种定义误差的方法取系统输出量的实际值和期望值之间的偏差,但这种误差在实际中无法测量。

图 1-4 所示为控制系统典型动态结构图,当为单位反馈系统时,上述两个误差是相同的。

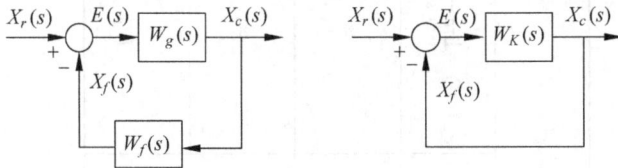

图 1-4　控制系统典型动态结构图

给定稳态误差为:

$$e_{ss} = \lim_{t \to \infty} e(t) = \lim_{s \to 0} s e(s) = \lim_{s \to 0} \frac{s X_r(s)}{1 + W_K} \qquad (1\text{-}16)$$

由此可知,系统开环传递函数和给定量决定给定稳态误差,根据开环传递函数中串联的积分环节的个数,可将系统分为几种不同类型。单位反馈系统的开环传递函数可以表示为:

$$W_K(s) = \frac{K_K \prod\limits_{i=1}^{m} (T_i s + 1)}{s^N \prod\limits_{j=1}^{n-N} (T_j s + 1)} \qquad (1\text{-}17)$$

式中,N 为开环传递函数中串联的积分环节的个数,或称为系统的无差阶数,$N=0$ 时,系统为 0 型系统;$N=1$ 时,系统为 I 型系统;$N=2$ 时,系统为 II 型系统。N 越高,系统的稳态精度越高,但系统的稳定性越差。一般采用 0 型、I 型和 II 型系统。典型输入下的稳态误差如表 1-4 所示。

3. 减小稳态误差的方法

为了减小系统的给定或扰动稳态误差,一般经常采用的方法是提高开环传递函数中的串联积分环节的阶次 N,或增大系统的开环放大系数 K_K,但是 N 值一般不超过 2,K_K 值也不能任意增大,否则系统不稳定。

工程上减小或消除稳态误差的主要措施如下:

(1) 复合控制

复合控制或称前馈控制,是一种基于不变性原理的控制方式,分别为按输入作用的补偿和按扰动作用的补偿。其系统结构图如图 1-5 所示。输入前馈控制是使系统的给定误差为零,输出量完全再现输入量。系统的扰动补偿误差是给定量为零时系统的输出量,扰动前馈补偿的作用是对外部扰动的完全补偿。

(2) 比例积分控制

比例积分控制,是将比例积分控制器串联在系统前向通道上,可减小系统给定误差和扰动误差,是工程上最常用的方法。比例积分控制系统结构图如图 1-6 所示。

表 1-4　稳态误差系数与稳态误差

$X_r(t)$	1		t		$\frac{1}{2}t^2$	
	$K_P = \lim\limits_{s\to 0} W_K(s)$	$e_p(\infty) = \dfrac{1}{1+K_P}$	$K_v = \lim\limits_{s\to 0} sW_K(s)$	$e_v(\infty) = \lim\limits_{s\to 0}\dfrac{1}{sW_K(s)}$	$K_a = \lim\limits_{s\to 0} s^2 W_K(s)$	$e_a(\infty) = \lim\limits_{s\to 0}\dfrac{1}{s^2 W_K(s)}$
0 型	K_K	$\dfrac{1}{1+K_K}$	0	∞	0	∞
I 型	∞	0	K_K	$\dfrac{1}{K_K}$	0	∞
II 型	∞	0	∞	0	K_K	$\dfrac{1}{K_K}$

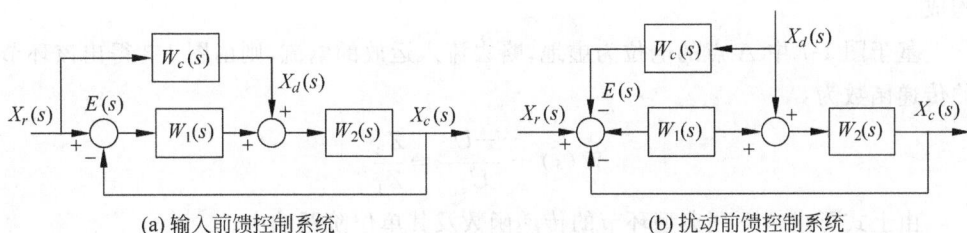

(a) 输入前馈控制系统　　　　　　　　　　　　(b) 扰动前馈控制系统

图 1-5　前馈控制系统结构图

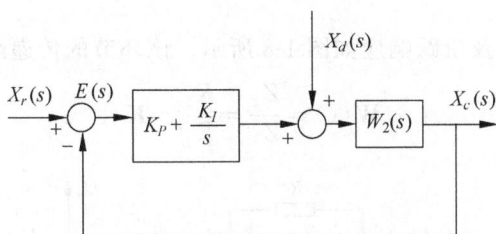

图 1-6　比例积分控制系统结构图

1.2 【实验一】 控制系统典型环节的模拟

1.2.1 实验目的

1. 熟悉数字存储示波器的使用方法。
2. 掌握运用运算放大器组成典型环节的电子电路。
3. 测量典型环节的阶跃响应曲线。
4. 通过实验了解典型环节中参数的变化对输出动态性能的影响。

1.2.2 实验设备

1. ELVIS Ⅱ 实验平台
2. 自动控制原理基础实验板
3. Keysight InfiniiVision 2000X 系列示波器
4. FLUKE 12E 数字万用表

1.2.3 实验原理

以运算放大器为核心元件,由不同的 RC 输入网络和反馈网络组成的各种典型环节,如图 1-7 所示。图中 Z_1 和 Z_2 为复数阻抗,它们都由 R、C

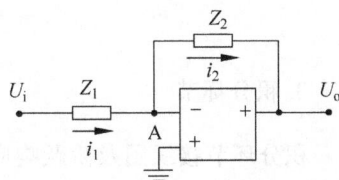

图 1-7　运算放大器的反馈连接

构成。

基于图 1-7 中 A 点的电位为虚地,略去流入运放的电流,则由图 1-7 得出该环节的传递函数为:

$$W(s) = \frac{-U_o}{U_i} = \frac{Z_2}{Z_1}$$

由上式可求得下列典型环节的传递函数及其单位阶跃响应。

1. 比例环节

比例环节接线图及阶跃响应如图 1-8 所示。该环节的传递函数为:

$$W(s) = \frac{Z_2}{Z_1} = \frac{R_2}{R_1} = K$$

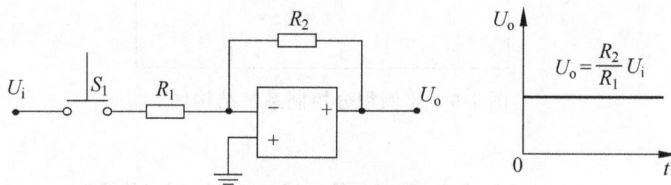

图 1-8 比例环节

2. 惯性环节

惯性环节接线图及阶跃响应如图 1-9 所示。该环节的传递函数为:

$$W(s) = \frac{-U_o}{U_i} = \frac{Z_2}{Z_1} = \frac{\dfrac{R_2/Cs}{R_2 + 1/Cs}}{R_1} = \frac{R_2}{R_1}\frac{1}{R_2Cs+1} = \frac{K}{Ts+1}$$

式中,$K = R_2/R_1$,$T = R_2C$。

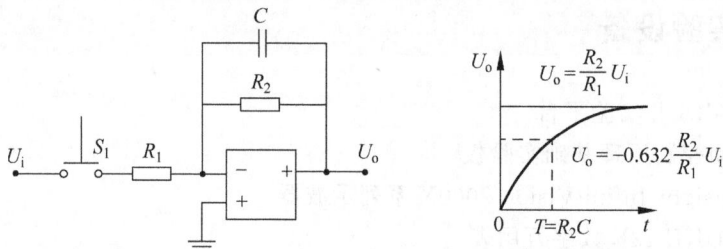

图 1-9 惯性环节

3. 积分环节

积分环节接线图及阶跃响应如图 1-10 所示。该环节的传递函数为:

$$W(s) = \frac{Z_2}{Z_1} = \frac{1/Cs}{R} = \frac{1}{Ts}$$

式中,积分时间常数为 $T=RC$。

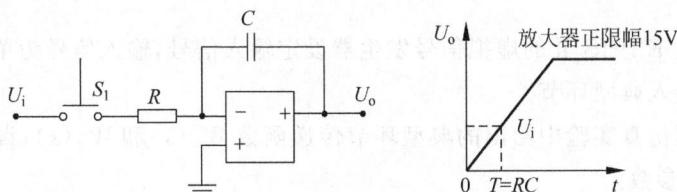

图 1-10　积分环节

4. 比例积分环节

比例积分环节接线图及阶跃响应如图 1-11 所示。该环节的传递函数为:

$$W(s) = \frac{Z_2}{Z_1} = \frac{R_2 + 1/Cs}{R_1} = \frac{(R_2Cs + 1)}{R_1Cs} = \frac{R_2}{R_1} + \frac{1}{R_1Cs}$$

$$= \frac{R_2}{R_1}\left(1 + \frac{1}{R_2Cs}\right) = K\left(1 + \frac{1}{T_2s}\right)$$

式中,$K=R_2/R_1$,$T_2=R_2C$。

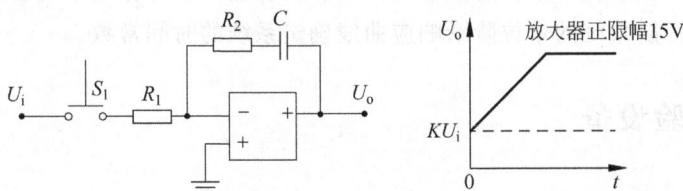

图 1-11　比例积分环节

1.2.4　实验内容

1. 仿真实验

(1) 登录信息学院网络化实验课程平台进入自动控制原理虚拟仿真实验课程,选择控制系统时域响应实验,在信号选择区域设定给定信号为单位阶跃信号。

(2) 按照典型环节的传递函数,调节相应的参数,观察并记录其单位阶跃响应的波形。

① 比例环节　　　　$W_1(s)=1$ 和 $W_2(s)=2$

② 惯性环节　　　　$W_1(s)=1/(s+1)$ 和 $W_2(s)=1/(0.5s+1)$

③ 积分环节　　　　$W_1(s)=1/s$ 和 $W_2(s)=1/0.5s$

④ 比例积分环节　$W_1(s)=1+1/s$ 和 $W_2(s)=2(1+1/0.2s)$

（3）分析典型环节中参数的变化对输出动态性能的影响。

2. 硬件实验

（1）通过 ELVIS Ⅱ 的虚拟信号发生器设定输入信号,输入信号为单位阶跃信号 $U_i=-1\text{V}$,接入典型环节。

（2）根据仿真实验中给出的典型环节传递函数 $W_1(s)$ 和 $W_2(s)$,设计各个典型环节的 R、C 参数。

（3）将 U_o 接入示波器。在示波器屏幕上观察每个典型环节的输出特性响应曲线。

（4）改变参数观察波形的变化,测试典型环节的放大倍数 K 及时间常数 T,与仿真实验所得理论值进行比较分析。

1.3 【实验二】　一阶系统的时域响应及参数测定

1.3.1　实验目的

1. 观察一阶系统在单位阶跃输入信号和斜坡输入信号作用下的动态响应。
2. 根据一阶系统的单位阶跃响应曲线确定系统的时间常数。

1.3.2　实验设备

1. ELVIS Ⅱ 实验平台
2. 自动控制原理基础实验板
3. Keysight InfiniiVision 2000X 系列示波器
4. FLUKE 12E 数字万用表

1.3.3　实验原理

图 1-12 为一阶系统的模拟电路图。

由图 1-12 可知 $i_0=i_1-i_2$,即 $\dfrac{U_i}{R}-\dfrac{U_o}{R_0}=-\dfrac{U_o}{1/Cs}$,$\dfrac{\Delta U}{R_0}=-\dfrac{U_o}{1/Cs}$,根据上式,画出图 1-13 所示的结构图,其中 $T=R_0C$。由图 1-13 得：

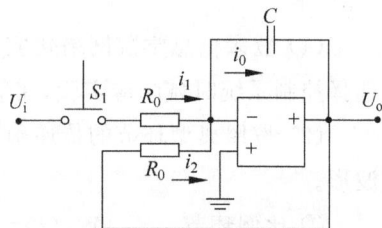

图 1-12　一阶系统模拟电路图

$$\frac{U_i(s)}{U_o(s)} = \frac{1}{Ts+1}$$

令 $U_i(t) = 1(t)$，即 $U_i(s) = 1/s$，则系统的输出为：

$$U_o(s) = \frac{1}{s(Ts+1)} = \frac{1}{s} - \frac{1}{s+1/T} \tag{1-18}$$

取拉普拉斯反变换，得：

$$U_o(t) = 1 - e^{-\frac{1}{T}t}$$

图 1-14 为一阶系统的单位阶跃响应曲线。

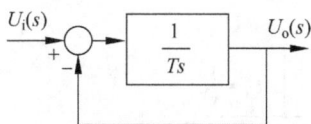

图 1-13　一阶系统结构图

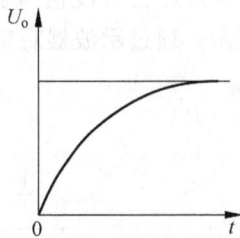

图 1-14　一阶系统单位阶跃响应

当 $t = T$ 时，$U_o(t) = 1 - e^{-1} = 0.632$。这表示当 $U_o(t)$ 上升到稳定值的 63.2% 时，对应的时间就是一阶系统的时间常数 T。根据这个原理，由图 1-14 可测得一阶系统的时间常数 T。由式(1-18)可知，系统的稳态值为 1，因而该系统跟踪阶跃输入的稳态误差 $e_{ss} = 0$。

当 $U_i(s) = 1/s^2$ 时，则：

$$U_o(s) = \frac{1}{s^2(Ts+1)} = \frac{1/T}{s^2(s+1/T)} = \frac{1}{s^2} - \frac{T}{s} + \frac{T}{s+1/T}$$

$$U_o(t) = t - T + Te^{-\frac{1}{T}}$$

这表明一阶系统能跟踪斜坡信号输入，但有稳态误差存在，其误差的大小为系统的时间常数 T。

1.3.4　实验内容

1. 仿真实验

(1) 登录信息学院网络化实验课程平台进入自动控制原理虚拟仿真实验课程，选择控制系统时域响应实验，在信号选择区域设定给定信号为单位阶跃信号，即 $u_i(t) = 1(t)$ 时，观察并记录一阶系统的时间常数 T 分别为 1s 和 0.1s 时的单位阶跃响应曲线。

(2) 在信号选择区域设定给定信号为斜坡信号，即 $u_i(t) = t$ 时，观察并记录一阶系统的时间常数 T 分别为 1s 和 0.1s 时的单位阶跃响应曲线。

2. 硬件实验

（1）根据图 1-12 所示的模拟电路图，调整 R_0 和 C 的值，使时间常数 $T=1\mathrm{s}$ 和 $T=0.1\mathrm{s}$。

（2）通过 ELVIS Ⅱ 的虚拟信号发生器设定输入信号，输入信号为单位阶跃信号 $u_i(t)=1(t)$，通过示波器观察并记录时间常数 T 分别为 $1\mathrm{s}$ 和 $0.1\mathrm{s}$ 时的单位阶跃响应曲线。

（3）通过 ELVIS Ⅱ 的虚拟信号发生器设定输入信号，输入信号为斜坡信号 $u_i(t)=t$，可通过三角波信号获得，或者把单位阶跃信号通过一个积分器获得，如图 1-15 所示。通过示波器观察并记录时间常数 T 分别为 $1\mathrm{s}$ 和 $0.1\mathrm{s}$ 时的单位阶跃响应曲线。

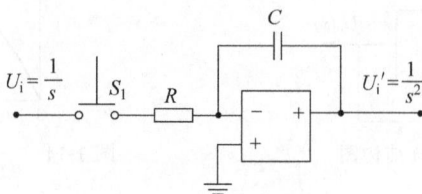

图 1-15　积分器电路

（4）与仿真实验结果进行比较分析。

1.4 【实验三】 二阶系统的暂态响应分析

1.4.1 实验目的

1. 熟悉二阶模拟系统的组成。

2. 研究二阶系统分别工作在 $\xi=1,0<\xi<1$ 和 $\xi>1$ 三种状态下的单位阶跃响应。

3. 研究增益 K 对二阶系统单位阶跃响应的上升时间 t_r、峰值时间 t_p、调整时间 t_s 和超调量 $\sigma\%$ 的影响。

1.4.2 实验设备

1. ELVIS Ⅱ 实验平台

2. 自动控制原理基础实验板

3. Keysight InfiniiVision 2000X 系列示波器

4. FLUKE 12E 数字万用表

1.4.3　实验原理

图 1-16 为二阶系统的模拟电路图。

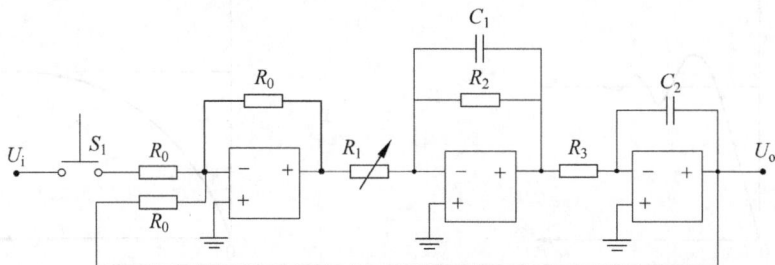

图 1-16　二阶系统的模拟电路

由比例环节、惯性环节和积分环节组成反馈系统。图 1-17 为系统结构图,其中 $K=R_2/R_1$,$T_1=R_2C_1$,$T_2=R_3C_2$。

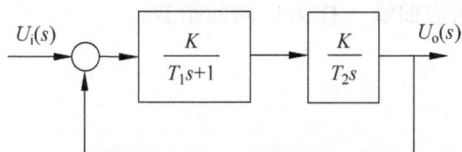

图 1-17　二阶系统的结构图

由图 1-17 求得二阶系统的闭环传递函数为:

$$\frac{U_o(s)}{U_i(s)}=\frac{K}{T_1T_2s^2+T_2s+K}=\frac{K/T_1T_2}{s^2+\dfrac{s}{T_1}+\dfrac{K}{T_1T_2}}$$

而二阶系统的标准传递函数为:

$$W_B(s)=\frac{\omega_n^2}{s^2+2\xi\omega_ns+\omega_n^2}$$

对比闭环传递函数和标准传递函数,得 $\omega_n=\sqrt{K/T_1T_2}$,$\xi=\sqrt{T_2/4T_1K}$。若令 $T_1=0.1\text{s}$,$T_2=1\text{s}$,则 $\omega_n=\sqrt{10K}$,$\xi=\sqrt{2.5/K}$。

由上述各式可知,调整开环增益 K 的值,就能同时改变系统无阻尼自然振荡频率 ω_n 和 ξ 的值,从而得到过阻尼($\xi>1$)、临界阻尼($\xi=1$)和欠阻尼($0<\xi<1$)三种情况下的阶跃响应曲线。

(1) 当 $K>2.5$,$0<\xi<1$ 时,系统处于欠阻尼状态,单位阶跃响应表达式为:

$$U_o(t)=1-\frac{1}{\sqrt{1-\xi^2}}e^{-\xi\omega_nt}\sin\left(\omega_dt+\arctan\frac{\sqrt{1-\xi^2}}{\xi}\right)$$

式中,$\omega_d=\omega_n\sqrt{1-\xi^2}$。图 1-18 为二阶系统在欠阻尼状态下的单位阶跃响应曲线。

（2）当 $K=2.5,\xi=1$ 时，系统处于临界阻尼状态，它的单位阶跃响应表达式为：

$$U_o(t)=1-(1+\omega_n t)e^{-\omega_n t}$$

图 1-19 为二阶系统在临界阻尼时的单位阶跃响应曲线。

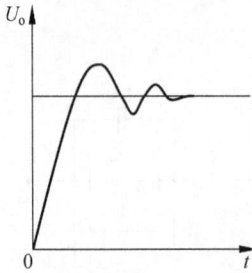

图 1-18　二阶系统在欠阻尼状态下的
单位阶跃响应曲线

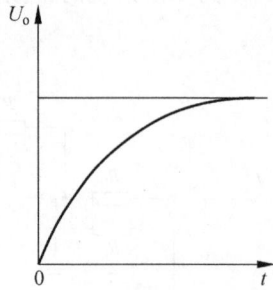

图 1-19　二阶系统在临界阻尼时的
单位阶跃响应曲线

（3）当 $K<2.5,\xi<1$ 时，系统工作于过阻尼状态，它的单位阶跃响应曲线和临界阻尼时的单位阶跃响应曲线一样为单调的指数。

1.4.4　实验内容

1. 仿真实验

（1）登录信息学院网络化实验课程平台进入自动控制原理虚拟仿真实验课程，选择控制系统时域响应实验，在信号选择区域设定给定信号为单位阶跃信号。

（2）二阶系统的标准传递函数为：

$$W_B(s)=\frac{\omega_n^2}{s^2+2\xi\omega_n s+\omega_n^2}$$

根据图 1-16 调节相应的参数，观察不同 $\xi(\xi=0.5,0.707,1,1.58)$ 值时系统的单位响应波形，并记录仿真实验相应的 t_r,t_p,t_s 和 $\sigma\%$。

2. 硬件实验

（1）根据图 1-16 接线并调节相应的参数，使系统的开环传递函数为：

$$W_K(s)=\frac{K}{s(0.1s+1)}$$

（2）通过 ELVIS Ⅱ 的虚拟信号发生器设定输入信号，输入信号为单位阶跃信号 $U_i=-1\mathrm{V}$，接入二阶系统。

（3）在示波器上观察不同 $K(K=10,5,2.5,1)$，即不同 ω_n 和 ξ 时系统的单位阶跃响应的波形，并由实验求得相应的 t_r,t_p,t_s 和 $\sigma\%$，填入表 11-1 中。

（4）与仿真实验结果进行比较分析。

1.5　【实验四】　三阶系统的暂态响应及稳定性分析

1.5.1　实验目的

1. 熟悉三阶系统的模拟电路图。
2. 由实验证明开环增益 K 对三阶系统的暂态性能及稳定性的影响。
3. 研究时间常数 T 对三阶系统稳定性的影响。

1.5.2　实验设备

1. ELVIS II 实验平台
2. 自动控制原理基础实验板
3. Keysight InfiniiVision 2000X 系列示波器
4. FLUKE 12E 数字万用表

1.5.3　实验原理

图 1-20 为三阶系统的结构图,它的模拟电路如图 1-21 所示,闭环传递函数为:

$$\frac{U_o(s)}{U_i(s)} = \frac{K}{T_3 s(T_1 s + 1)(T_2 s + 1) + K}$$

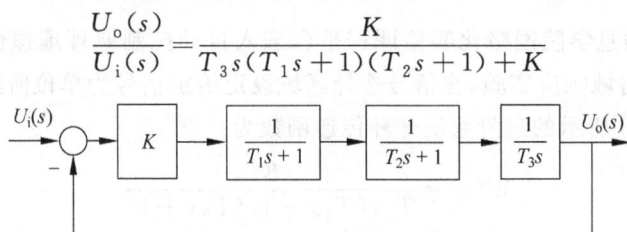

图 1-20　三阶系统结构图

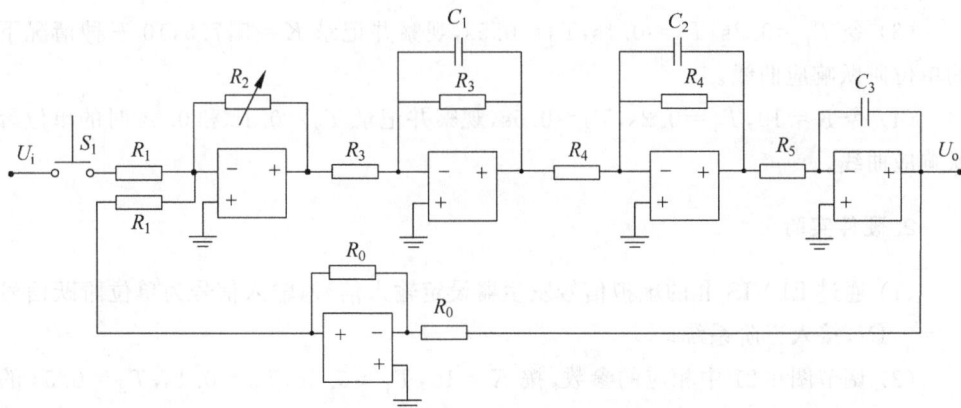

图 1-21　三阶系统的模拟电路图

该系统的特征方程为：

$$T_1 T_2 T_3 s^3 + T_3 (T_1 + T_2) s^2 + T_3 s + K = 0$$

式中，$K = \dfrac{R_2}{R_1}$，$T_1 = R_3 C_1$，$T_2 = R_4 C_2$，$T_3 = R_5 C_3$。若令 $T_1 = 0.2\text{s}$，$T_2 = 0.1\text{s}$，$T_3 = 0.5\text{s}$，则上式改写为：

$$s^3 + 15 s^2 + 50 s + 100 K = 0$$

用劳斯稳定判据，求得该系统的临界稳定增益 $K = 7.5$。这表示当 $K > 7.5$ 时，系统为不稳定；当 $K < 7.5$ 时，系统才能稳定运行；当 $K = 7.5$ 时，系统等幅振荡。

除了开环增益 K 对系统的暂态性能和稳定性有影响外，系统中任何一个时间常数的变化对系统的稳定性都有影响。对此说明如下：

令系统的穿越频率为 ω_c，则在该频率时的开环频率特性的相位为：

$$\varphi(\omega_c) = -90° - \arctan T_1 \omega_c - \arctan T_2 \omega_c$$

相位裕度为：

$$\gamma = 180° + \varphi(\omega_c) = 90° - \arctan T_1 \omega_c - \arctan T_2 \omega_c$$

由上式可见，时间常数 T_1 和 T_2 的增大都会使 γ 减小。

1.5.4　实验内容

1. 仿真实验

(1) 登录信息学院网络化实验课程平台进入自动控制原理虚拟仿真实验课程，选择控制系统时域响应实验，在信号选择区域设定给定信号为单位阶跃信号。

(2) 图 1-20 所示的三阶系统开环传递函数为：

$$W(s) = \frac{K}{T_3 s (T_1 s + 1)(T_2 s + 1)}$$

式中，$K = 10$，$T_1 = 0.2\text{s}$，$T_2 = 0.1\text{s}$，$T_3 = 0.5\text{s}$，观察并记录三阶系统单位阶跃响应曲线。

(3) 令 $T_1 = 0.2\text{s}$，$T_2 = 0.1\text{s}$，$T_3 = 0.5\text{s}$，观察并记录 $K = 5, 7.5, 10$ 三种情况下的单位阶跃响应曲线。

(4) 令 $K = 10$，$T_1 = 0.2\text{s}$，$T_3 = 0.5\text{s}$，观察并记录 $T_2 = 0.1\text{s}$ 和 0.5s 时的单位阶跃响应曲线。

2. 硬件实验

(1) 通过 ELVIS II 的虚拟信号发生器设定输入信号，输入信号为单位阶跃信号 $U_i = -1\text{V}$，接入三阶系统。

(2) 调节图 1-21 中相应的参数，按 $K = 10$，$T_1 = 0.2\text{s}$，$T_2 = 0.1\text{s}$，$T_3 = 0.5\text{s}$ 的要求，用示波器观察并记录三阶系统单位阶跃响应曲线。

（3）令 $T_1=0.2\mathrm{s},T_2=0.1\mathrm{s},T_3=0.5\mathrm{s}$,用示波器观察并记录 $K=5,7.5,10$ 三种情况下的单位阶跃响应曲线。

（4）令 $K=10,T_1=0.2\mathrm{s},T_3=0.5\mathrm{s}$,用示波器观察并记录 $T_2=0.1\mathrm{s}$ 和 $0.5\mathrm{s}$ 时的单位阶跃响应曲线。

（5）与仿真实验结果进行比较分析。

1.6 【实验五】 控制系统的稳态误差分析

1.6.1 实验目的

1. 了解系统的稳定误差和输入信号的形式（如阶跃信号和斜坡信号的关系）。
2. 熟悉系统类型（0 型、Ⅰ 型）和开环放大倍数 K 之间的关系。
3. 掌握改善系统稳态响应的一般方法。

1.6.2 实验设备

1. 计算机
2. 自动控制原理实验软件

1.6.3 实验原理

在稳态条件下,输出量的期望值和稳态值之间存在的误差,称为系统稳态误差。稳态误差的大小是衡量系统稳态性能的重要指标。影响系统稳态误差的因素很多,如系统的结构、系统的参数以及输入量的形式等。典型输入下的各型系统的稳态误差如表 1-4 所示。

1. 0 型系统的稳态误差

图 1-22 为系统结构图。

当 $U_\mathrm{i}(t)=1(t)$,即 $U_\mathrm{i}(s)=1/s$,则系统的稳态误差为：

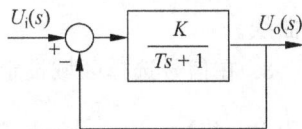

图 1-22 0 型系统结构图

$$e_{ss}=\lim_{t\to\infty}e(t)=\lim_{s\to0}se(s)=\lim_{s\to0}\frac{sX_r(s)}{1+W_K}=\lim_{s\to0}\frac{1}{1+W_K}=\frac{1}{1+K}$$

当 $U_\mathrm{i}(t)=t$,即 $U_\mathrm{i}(s)=\dfrac{1}{s^2}$,则系统的稳态误差为：

$$e_{ss}=\lim_{t\to\infty}e(t)=\lim_{s\to0}se(s)=\lim_{s\to0}\frac{sX_r(s)}{1+W_K}=\lim_{s\to0}\frac{1}{s(1+W_K)}=\infty$$

2. Ⅰ型系统的稳态响应

图 1-23 为系统结构图。

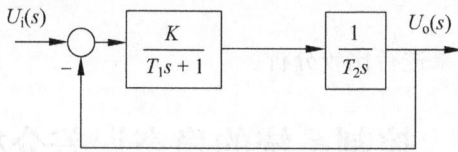

图 1-23　Ⅰ型系统结构图

当 $U_i(t)=1(t)$，即 $U_i(s)=1/s$，则系统的稳态误差为：

$$e_{ss}=\lim_{t\to\infty}e(t)=\lim_{s\to0}se(s)=\lim_{s\to0}\frac{sX_r(s)}{1+W_K}=\lim_{s\to0}\frac{1}{1+W_K}=\infty$$

当 $U_i(t)=t$，即 $U_i(s)=\dfrac{1}{s^2}$，则系统的稳态误差为：

$$e_{ss}=\lim_{t\to\infty}e(t)=\lim_{s\to0}se(s)=\lim_{s\to0}\frac{sX_r(s)}{1+W_K}=\lim_{s\to0}\frac{1}{s(1+W_K)}=\frac{1}{K}$$

1.6.4　实验内容

1. 登录信息学院网络化实验课程平台进入自动控制原理虚拟仿真实验课程,选择控制系统稳态误差实验,在信号选择区域设定给定信号为单位阶跃信号,选择 0 型系统的开环传递函数为 $W_K(s)=\dfrac{K}{0.1s+1}$,整定系统开环增益 $K=2,5,10$ 时,测试并记录该系统的稳态误差曲线。

2. 在信号选择区域设定给定信号为斜坡信号,选择 0 型系统的开环传递函数为 $W_K(s)=\dfrac{K}{0.1s+1}$,整定系统开环增益 $K=2,5,10$ 时,测试并记录该系统的稳态误差曲线。

3. 在信号选择区域设定给定信号为单位阶跃信号,选择Ⅰ型系统的开环传递函数为 $W_K(s)=\dfrac{K}{s(0.1s+1)}$,整定系统开环增益 $K=2,5,10$ 时,测试并记录该系统的稳态误差曲线。

4. 在信号选择区域设定给定信号为斜坡信号,选择Ⅰ型系统的开环传递函数为 $W_K(s)=\dfrac{K}{s(0.1s+1)}$,整定系统开环增益 $K=2,5,10$ 时,测试并记录该系统的稳态误差曲线。

第 2 章

根 轨 迹 法

2.1 基础知识

闭环控制系统的稳定性和动态性能与闭环特征方程的特征根(即闭环极点)密切相关。例如,稳定性取决于闭环极点,动态性能取决于闭环极点与闭环零点。因此,要分析系统的特性,需要求出特征方程的根。但三阶及三阶以上的特征方程求解是很困难的。另一方面,当分析系统的参数变化对闭环极点的影响时,求准确根不能直观地看出影响趋势,所以对于高阶系统而言,解析法的应用受到限制。

根轨迹法的提出有效解决了上述问题,根轨迹法是根据控制系统开、闭环传递函数之间的关系,利用系统开环极点和开环零点的分布,在复平面上用作图的方法求出闭环极点的分布,从而有效避免了复杂的数学计算。根轨迹法不仅适用于单回路系统,而且也可用于多回路系统。

2.1.1 根轨迹法的基本概念

根轨迹法是一种在复平面上由开环系统零、极点来确定闭环系统特征根变化轨迹的图解分析方法。利用根轨迹法可以分析系统的性能,确定系统应有的结构与参数,进行系统的校正。

1. 根轨迹增益

开环传递函数以零、极点形式表示为:

$$W_k(s) = \frac{K_g \prod\limits_{i=1}^{m}(s+z_i)}{\prod\limits_{j=1}^{n}(s+p_i)} = \frac{K_g N(s)}{D(s)}$$

式中,K_g 为根轨迹放大系数。

K_g 与开环增益 K 的关系为:

$$K = \frac{K_g \prod_{i=1}^{m} z_i}{\prod_{j=1}^{n} p_j}$$

式中,p_i 不计零值极点;$m=0$ 时,$\prod_{i=1}^{m} z_i$ 取 1 计算。

2. 根轨迹方程

由闭环特征方程 $1 + \dfrac{K_g N(s)}{D(s)} = 1 + W_k(s) = 0$ 得系统的根轨迹方程为:

$$\frac{N(s)}{D(s)} = \frac{\prod_{i=1}^{m}(s+z_i)}{\prod_{j=1}^{n}(s+p_j)} = -\frac{1}{K_g}$$

当 K_g 在 $0 \rightarrow \infty$ 范围内连续变化,根轨迹满足:

幅值条件: $\left| \dfrac{N(s)}{D(s)} \right| = \left| \dfrac{\prod_{i=1}^{m}(s+z_i)}{\prod_{j=1}^{n}(s+p_j)} \right| = \dfrac{\text{开环有限零点到 } s \text{ 的矢量长度之积}}{\text{开环极点到 } s \text{ 的矢量长度之积}} = \dfrac{1}{K_g}$

相角条件: $\angle \dfrac{N(s)}{D(s)} = \angle N(s) - \angle D(s) = \pm 180°(1+\mu)$　$(\mu = 0, 1, 2, \cdots)$

2.1.2　根轨迹的绘制法则

为了便于绘制根轨迹,将根轨迹绘制方法归纳如下:

1. 起点($K_g = 0$),开环传递函数 $W_k(s)$ 的极点即根轨迹的起点。

2. 终点($K_g = \infty$),根轨迹的终点即开环传递函数 $W_k(s)$ 的零点(包括无限远零点)。

3. 根轨迹的数目和它的对称性,根轨迹的数目与开环极点数相同,根轨迹对称于实轴。

4. 实轴上的根轨迹,实轴上根轨迹右侧的零点与极点之和应是奇数。

5. 分离点和会合点,分离点和会合点可按下式确定,即

$$D'(s)N(s) - N'(s)D(s) = 0$$

求出 $s = -\sigma_d$ 后,需把 $-\sigma_d$ 代入闭环的特征方程 $D_B(s) = K_g N(s) + D(s) = 0$ 中,计算出 K_d。只有当与 $-\sigma_d$ 对应的 K_d 值为正值时,这些 $-\sigma_d$ 才是实际的分离点或会合点。

如果实轴上相邻开环极点之间存在根轨迹,则在此区间上必有分离点;如果实

轴上相邻开环零点之间存在根轨迹,则在此区间上必有会合点;如果实轴上相邻开环极点和开环零点之间存在根轨迹,则在此区间上要么既无分离点也无会合点,要么既有分离点又有会合点。

6. 根轨迹的渐近线,确定渐近线,即研究它是按什么走向趋向无穷远的。渐进线包括两个内容:

(1) 渐近线的倾角为:

$$\varphi = \frac{\mp 180°(1+2\mu)}{n-m} \quad (\mu = 0,1,2,\cdots)$$

当 $\mu = 0$ 时,渐近线倾角最小,当 μ 增大时,倾角将重复出现,故独立的渐近线只有 $(n-m)$ 条。

(2) 渐近线交点为:

$$-\sigma_k = -\frac{\sum_{j=0}^{n}(-p_j) - \sum_{i=0}^{m}(-z_i)}{n-m}$$

由于 $-p_j$ 和 $-z_i$ 是实数或共轭复数,故 $-\sigma_k$ 必为实数,渐近线交点总在实轴上。

7. 根轨迹的出射角和入射角

(1) 出射角:根轨迹离开开环复数极点处的切线与正实轴的夹角,计算公式为:

$$\beta_{sc} = 180° - \left(\sum_{j=1}^{n-1}\beta_j - \sum_{i=1}^{m}\alpha_i\right)$$

(2) 入射角:根轨迹进入开环复数零点处的切线与正实轴的夹角,计算公式为:

$$\alpha_{sr} = 180° + \left(\sum_{j=1}^{n}\beta_j - \sum_{i=1}^{m-1}\alpha_i\right)$$

8. 根轨迹与虚轴交点,根轨迹与虚轴交点可利用劳斯表求出。

9. 根轨迹的走向,如果特征方程的阶次 $n-m \geqslant 2$,则一些根轨迹右行时,另一些根轨迹必左行。

10. 分支间夹角,通过极限概念得分支间夹角等分圆周。

2.1.3　零度根轨迹

自动控制系统中的反馈一般为负反馈,但是在复杂系统中也可能存在局部正反馈回路,在这种情况下,一般要用到 0° 根轨迹。一般来说,0° 根轨迹的来源有两个方面:一方面是控制系统中正反馈回路;另一方面是非最小相位系统(在 s 右半平面具有开环零点或开环极点的系统)中包含 s 最高次幂的系数为负的因子,此时,系统根轨迹的绘制用 0° 根轨迹规则,这是 0° 根轨迹规则与一般根轨迹绘制规则的区别。

1. 实轴上的根轨迹:实轴上的根轨迹右侧的零、极点之和应是偶数。

2. 根轨迹渐近线倾角:

$$\varphi = \frac{\mp 2\mu\pi}{n-m} \quad (\mu=0,1,2,\cdots)$$

3. 根轨迹的出射角和入射角:

$$\beta_{sc} = 360° - \left(\sum_{j=1}^{n-1}\beta_j - \sum_{i=1}^{m}\alpha_i\right)$$

$$\alpha_{sr} = 360° + \left(\sum_{j=1}^{n}\beta_j - \sum_{i=1}^{m-1}\alpha_i\right)$$

2.1.4　根轨迹法分析系统的动态特性

1. 用根轨迹法分析系统动态特性

（1）闭环系统中有两个负实极点$-R_1$和$-R_2$,那么单位阶跃响应是指数型的。如果两个实极点相距较远,则动态过程主要决定于偏离虚轴近的极点。一般当$R_2 \geqslant 5R_1$时,可忽略极点$-R_2$的影响。

（2）闭环系统极点为一对复极点,那么单位阶跃响应是衰减振荡型的,实部决定衰减速度,虚部决定振荡频率。

（3）闭环系统有一对复极点和一个实极点,则系统的超调量较小,调节时间变长。但当实极点与虚轴的距离比复极点与虚轴的距离大5倍以上时,可以不考虑这一实极点的影响,直接用二阶系统的指标来分析系统的动态品质。

（4）闭环系统有一对复极点和一个零点,则将增大超调量。但如果零点离复数极点较远时,同样可以用二阶系统指标来分析系统的动态品质。

（5）闭环系统中有一对距离很近的实极点和零点,称为偶极子。偶极子对系统动态响应的影响很小。

2. 增加开环零点对系统根轨迹的影响

使根轨迹向左移动或弯曲,远离虚轴,如果设计得当,控制系统的稳定性和动态响应性能指标都可得到改善。

3. 增加开环极点对系统根轨迹的影响

使根轨迹向右移动或弯曲,系统的稳定性降低。

2.2　【实验六】　零极点对系统性能的影响

2.2.1　实验目的

1. 了解根轨迹绘制的基本原理与基本规则。
2. 研究分析开环零、极点、开环增益K对根轨迹以及系统性能的影响。

3. 熟练运用根轨迹法分析系统的暂态性能和稳态性能。

2.2.2　实验设备

1. 计算机
2. 自动控制原理实验软件

2.2.3　实验原理

根轨迹法是一种在复平面上由开环系统零、极点来确定闭环系统特征根变化轨迹的图解分析方法。利用根轨迹法可以分析系统的性能,确定系统应有的结构与参数,进行系统的校正。系统的开环零、极点的分布影响着根轨迹的形状,开环传递函数以零、极点形式表示为:

$$W_k(s) = \frac{K_g \prod_{i=1}^{m}(s+z_i)}{\prod_{j=1}^{n}(s+p_i)} = \frac{K_g N(s)}{D(s)}$$

式中,K_g 为根轨迹放大系数。

K_g 与开环增益 K 的关系是:

$$K = \frac{K_g \prod_{i=1}^{m} z_i}{\prod_{j=1}^{n} p_i}$$

式中,p_i 不计零值极点;$m=0$ 时,$\prod_{i=1}^{m} z_i$ 取 1 计算。

通过改变开环零、极点,可以改变系统根轨迹的形状,使系统具有满意的性能指标。增加一个开环实数零点,可以将系统的根轨迹向左偏移,提高系统的稳定性,并有利于改善系统动态性能,开环负零点离虚轴越近,这种作用越大。增加一个开环实数极点,将使系统的根轨迹向右偏移,降低系统的稳定性,使系统的响应速度变慢,开环负极点离虚轴越近,这种作用越大。

2.2.4　实验内容

1. 登录信息学院网络化实验课程平台进入自动控制原理虚拟仿真实验课程,选择根轨迹法实验,绘制下列开环传递函数的根轨迹图,分析并说明开环传递函数增加极点、零点后对根轨迹和系统性能指标的影响。

（1）增加极点

① $\dfrac{1}{s+1}$

② $\dfrac{1}{(s+1)(s+2)}$

③ $\dfrac{1}{(s+1)(s+2)(s+3)}$

（2）增加或改变零点

① $\dfrac{1}{s(s+1)(s+3)}$

② $\dfrac{s+4}{s(s+1)(s+3)}$

③ $\dfrac{s+2}{s(s+1)(s+3)}$

④ $\dfrac{s+0.5}{s(s+1)(s+3)}$

2. 登录信息学院网络化实验课程平台进入自动控制原理虚拟仿真实验课程，选择根轨迹法实验，分析开环增益 K 对系统性能的影响，并绘制出根轨迹。

设开环传递函数为：

$$W_K(s) = \frac{K}{0.1s(0.2s+1)} \quad (K = 3.125)$$

其闭环传递函数为：

$$W_B(s) = \frac{\omega_n^2}{s^2 + 2\xi\omega_n s + \omega_n^2} = \frac{12.5^2}{s^2 + 5s + 12.5^2} \quad (\xi = 0.2, \omega_n = 12.5)$$

在开环零、极点保持不变的情况下，当 K 取值为 $1,2,4,5,10,20$ 时，观察分析根轨迹的变化以及对系统性能的影响。

第3章

频 率 法

3.1 基础知识

控制系统的频率特性反映正弦信号作用下的响应性能。频率法是研究控制系统的一种常用方法,根据系统的频率特性能间接地揭示系统的动态特性和稳定特性。可以简单迅速地判断某些环节或者参数对系统的动态特性和稳态特性的影响,并能指明改进系统的方向。

频率法的特点:

(1) 可以通过实验测量获得系统的频率特性,这在难以写出系统动态模型时更为有用,但不稳定的系统,无法用实验方法测量获得;

(2) 频率特性可以用图形来表示,无须求解系统的微分方程,直接根据频率特性曲线分析系统性能。

3.1.1 频率特性的基本概念

线性定常系统或者环节,在正弦信号的作用下,输出量与输入量是同频的正弦信号,其幅值比 $A(\omega) = |W(j\omega)|$,称为幅频特性,它是随频率而变化的。输出量与输入量的相位差 $\varphi(\omega) = \angle W(j\omega)$ 称为相频特性。两者结合的矢量形式 $W(j\omega) = A(\omega) e^{j\varphi(\omega)}$ 称为系统的频率特性。

系统的频率特性可由该系统传递函数,以 $j\omega$ 代替 s 求得,即 $W(j\omega) = W(s)|_{s=j\omega}$。

频率特性的复数表达形式为:

$$W(j\omega) = P(\omega) + jQ(\omega)$$

式中,$P(\omega)$ 是频率特性的实部,称为实频特性;$Q(\omega)$ 是频率特性的虚部,称为虚频特性。

频率特性表示为指数形式:

$$W(j\omega) = \sqrt{P^2(\omega) + Q^2(\omega)} \, e^{j\varphi(\omega)} = A(\omega) e^{j\varphi(\omega)}$$

式中,$A(\omega) = \sqrt{P^2(\omega) + Q^2(\omega)}$,为频率特性的模,即幅频特性;$\varphi(\omega) = $

$\arctan\dfrac{Q(\omega)}{P(\omega)}$，为频率特性的辐角或相位移，即相频特性。

3.1.2　频率特性的表示方法

系统(或环节)的频率特性的表示方法很多，最常用的有幅相频特性、对数频率特性和对数幅相频特性。

1. 幅相频特性

幅相频特性又称奈氏图或极坐标图，它是以 ω 为参变量，当 ω 从 0 变化到∞，复平面上的矢量 $W(\mathrm{j}\omega)=A(\omega)\mathrm{e}^{\mathrm{j}\varphi(\omega)}$ 端点轨迹的几何图像。

2. 对数频率特性

对数频率特性又称伯德图，横坐标为 ω，按常用对数 $\lg\omega$ 分度，使得高频段横坐标压缩，而低频段相对展开，图示的频率范围大。对数相频特性的纵坐标表示 $\varphi(\omega)$，单位为弧度(rad)或度(°)；对数幅频特性的纵坐标为 $L(\omega)=20\lg A(\omega)$，单位为分贝(dB)。对数频率特性将传递函数中的环节的乘积关系变为对数坐标图上的加减运算。

3. 对数幅相频特性

对数幅相频特性又称为尼氏图，它是将对数幅频特性和对数相频特性绘在一个平面上，以对数幅值作纵坐标(单位为 dB)，以相位移作横坐标(单位为弧度或度)，以频率为参变量构成的图像。

3.1.3　典型环节的频率特性

一个自动控制系统由若干环节组成，根据传递函数特性，归纳为六种：比例环节、惯性环节、积分环节、微分环节、振荡环节、时滞环节，其频率特性如表 3-1 所示。

从伯德图上看，一个对数幅频特性所代表的环节，能给出最小可能相位移，称为最小相位系统。最小相位系统在右半 s 平面上既无极点也无零点，同时无纯滞后环节。反之，在右半 s 平面上有极点或无零点，或有纯滞后环节的系统为非最小相位系统。

最小相位环节或系统有一个重要特征：对数幅频特性可以唯一确定其相频特性，反之亦然，对数幅频特性和对数相频特性的变化趋势是一致的，所以可只根据幅频特性或相频特性对系统性能进行分析。分析非最小相位系统时，必须同时考虑幅频特性和相频特性。

表 3-1　典型环节的频率特性

典型环节	幅相频特性	对数频率特性
比例环节： $W(j\omega)=K$ $A(\omega)=K$ $\varphi(\omega)=0$ $P(\omega)=K$ $Q(\omega)=0$		
惯性环节： $W(j\omega)=\dfrac{K}{1+jT\omega}$ $A(\omega)=\dfrac{K}{\sqrt{1+T^2\omega^2}}$ $\varphi(\omega)=-\arctan T\omega$ $P(\omega)=\dfrac{K}{1+T^2\omega^2}$ $Q(\omega)=\dfrac{-KT\omega}{1+T^2\omega^2}$		

续表

典型环节	幅相频特性	对数频率特性
积分环节： $W(j\omega)=\dfrac{K}{j\omega}=-j\dfrac{K}{\omega}$ $A(\omega)=\dfrac{K}{\omega}$ $\varphi(\omega)=-\dfrac{\pi}{2}$ $P(\omega)=0$ $Q(\omega)=\dfrac{K}{\omega}$		
微分环节： $W(j\omega)=jK\omega$ $A(\omega)=K\omega$ $\varphi(\omega)=\dfrac{\pi}{2}$ $P(\omega)=0$ $Q(\omega)=K\omega$		

续表

典 型 环 节	幅相频特性	对数频率特性
一阶微分环节： $W(j\omega) = jK\tau\omega + K$ $A(\omega) = K\sqrt{1+(\tau\omega)^2}$ $\varphi(\omega) = \arctan(\tau\omega)$ $P(\omega) = K$ $Q(\omega) = K\tau\omega$		

续表

典型环节	幅相频特性	对数频率特性
振荡环节： $W(j\omega) = \dfrac{K}{1 + 2\xi T j\omega - T^2\omega^2}$ $A(\omega) = \dfrac{K}{\sqrt{(1 - T^2\omega^2)^2 + (2\xi T\omega)^2}}$ $\varphi(\omega) = -\arctan\left(\dfrac{2\xi T\omega}{1 - T^2\omega^2}\right)$ $P(\omega) = \dfrac{1 - T^2\omega^2}{(1 - T^2\omega^2)^2 + (2\xi T\omega)^2}$ $Q(\omega) = \dfrac{-2\xi T\omega}{(1 - T^2\omega^2)^2 + (2\xi T\omega)^2}$	取 $K=1$ 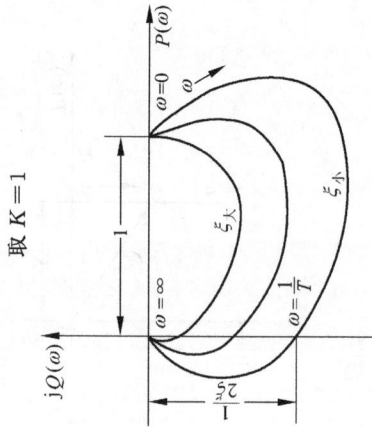	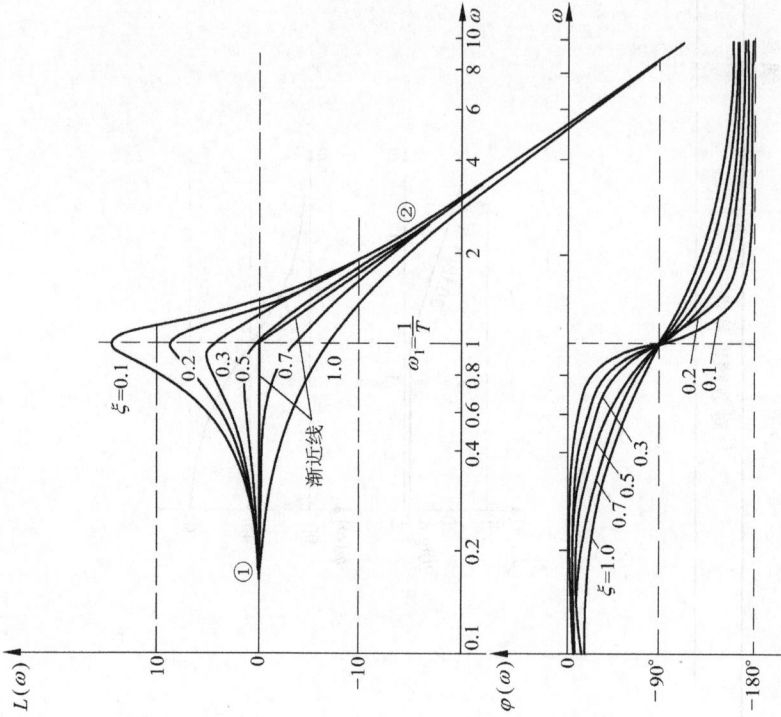

续表

典型环节	幅相频特性	对数频率特性
时滞环节: $W(\mathrm{j}\omega)=\mathrm{e}^{-\mathrm{j}\tau\omega}$ $A(\omega)=1$ $\varphi(\omega)=-\tau\omega$		

3.1.4　开环频率特性

在复平面上绘制幅相频特性时,可以写成代数形式为 $W(j\omega)=P(\omega)+jQ(\omega)$,给出不同的 ω,计算相应的 $P(\omega)$ 和 $Q(\omega)$,在直角坐标中得出相应的点。当 ω 由 0 变到 $+\infty$,就可以得到系统的开环幅频特性和相频特性。

幅相频特性写成指数形式为 $W(j\omega)=A(\omega)e^{j\varphi(\omega)}$,给出不同的 ω,计算相应的 $A(\omega)$ 和 $\varphi(\omega)$,在极坐标中得出相应的点。当 ω 由 0 变到 $+\infty$,就可以得到系统的开环幅相频特性。

在对数坐标中绘制频率特性时,先绘制各环节的频率特性,然后相加,就可以得到开环系统的频率特性。

1. 系统的开环幅相频率特性

开环系统的频率特性一般的表达式为:

$$W_K(j\omega)=\frac{K_K\prod\limits_{i=1}^{m}(j\omega T_i+1)}{(j\omega)^N\prod\limits_{j=1}^{n-N}(j\omega T_j+1)}\quad(n>m)$$

绘制系统开环幅相频率特性,通过求出 $\omega=0$ 和 $\omega=\infty$ 的相角和幅值,确定图像的起点和终点。

幅相频率特性与负实轴和虚轴的交点可由下式求出:

$$\text{Im}[W_K(j\omega)]=Q(\omega)=0$$
$$\text{Re}[W_K(j\omega)]=P(\omega)=0$$

如果传递函数中没有零点,则当 ω 由 0 增大到 ∞ 过程中,特性的相位角连续减小,特性平滑变化。如果分子中存在零点,特性的相位角可能不是以同一方向连续地变化,这时,特性可能出现凹部。不同类型系统的幅相频特性如表 3-2 所示。

表 3-2　不同类型系统的幅相频特性

系　　　统	系统开环幅相频特性
0 型: $W_K(j\omega)=\dfrac{K_K\prod\limits_{i=1}^{m}(j\omega T_i+1)}{\prod\limits_{j=1}^{n}(j\omega T_j+1)}\quad(n>m)$ $A(0)=K_K,\varphi(0)=0$ $A(\infty)=0,\varphi(\infty)=-(n-m)\times90°$	 取 $n-m=3$,当系统没有零点时,相位移 $\varphi(\omega)$ 以一个方向连续变化;当系统有零点时,$\varphi(\omega)$ 可能不按一个方向变化。

续表

系　　统	系统开环幅相频特性
Ⅰ型： $$W_K(j\omega)=\dfrac{K_K\displaystyle\prod_{i=1}^{m}(j\omega T_i+1)}{j\omega\displaystyle\prod_{j=1}^{n-1}(j\omega T_j+1)}\ (n>m)$$ $A(0^+)=\infty,\varphi(0^+)=-90°$ $A(\infty)=0,\varphi(\infty)=-(n-m)\times90°$	 取 $n-m=4$，特性按顺时针方向经过四个象限，然后进入远点。
Ⅱ型： $$W_K(j\omega)=\dfrac{K_K\displaystyle\prod_{i=1}^{m}(j\omega T_i+1)}{(j\omega)^2\displaystyle\prod_{j=1}^{n-2}(j\omega T_j+1)}\ (n>m)$$ $A(0^+)=\infty,\varphi(0^+)=-180°$ $A(\infty)=0,\varphi(\infty)=-(n-m)\times90°$	 取 $n-m=1$。

2. 系统的开环对数频率特性

绘制系统开环对数幅频特性时，可以不用将各环节特性单独绘出，按照以下步骤进行：

（1）确定各基本环节的交接频率 $\omega_1,\omega_2,\cdots$，标在角频率轴 ω 上。

（2）在 $\omega=1$ 处，求出 $20\lg K_K$，通过该点作出一条 $-20N\,\mathrm{dB/dec}$ 的直线，直到第一个交接频率 $\omega_1=\dfrac{1}{T_1}$。如果 $\omega_1<1$，则低频渐进性的延长线经过该点。

（3）依次在各交接频率处改变直线斜率，其改变量取决于该转折频率对应的环节类型，环节 $\dfrac{1}{jT_1\omega+1}$，渐近线斜率增加 $-20\,\mathrm{dB/dec}$；环节 $\dfrac{1}{jT_1\omega-1}$，渐近线斜率增加 $20\,\mathrm{dB/dec}$；当遇到环节 $\dfrac{\omega_n^2}{(j\omega)^2+2\xi\omega_n j\omega+\omega_n^2}$，渐近线斜率增加 $-40\,\mathrm{dB/dec}$。

（4）求出穿越频率 ω_c，系统开环对数幅频特性 $L(\omega_c)=0$ 或 $A(\omega_c)=1$。Ⅰ型系统的穿越频率为 $\omega_c=K_K$，Ⅱ型系统的穿越频率为 $\omega_c=\sqrt{K_K}$。

绘制系统开环对数相频特性时，可先绘制出各分量的对数相频特性，然后将各分量的纵坐标相加，开环系统对数相频特性有如下特点：

（1）低频区，对数相频特性由 $-N\times(90°)$ 开始。

（2）高频区，$\omega\to\infty$，相频特性趋于 $-(n-m)\times(90°)$。

如果在某一频率范围内，对数幅频特性 $L(\omega)$ 的斜率保持不变，则在此范围内相位也几乎不变。

3.1.5　奈奎斯特稳定判据

1. 奈奎斯特稳定判据

当 ω 按 $-\infty\sim+\infty$ 变化时，在 $W_K(j\omega)$ 平面上奈氏曲线绕 $(-1,j0)$ 点逆时针旋转的周数为 N，则有 $Z=P-N$，Z 为在 s 右半复平面的闭环极点数，P 为在 s 右半复平面的开环极点数。

如果开环系统稳定，即 $P=0$，则闭环系统稳定的充分必要条件为 $W_K(j\omega)$ 曲线不包围 $(-1,j0)$ 点。

如果开环不稳定，且已知有 P 个开环极点在 s 右半复平面，则闭环系统稳定的充分必要条件为开环 $W_K(j\omega)$ 曲线按逆时针方向围绕 $(-1,j0)$ 点旋转 P 周。

显然，用奈奎斯特稳定判据判定闭环系统稳定性时，首先要知道 P 是多少，画出 $W_K(j\omega)$ 曲线，找出其围绕 $(-1,j0)$ 点逆时针旋转多少圈，求出 N；然后再根据奈奎斯特稳定判据求出 Z 是否为 0，Z 为 0 时系统稳定，Z 不为 0 时系统不稳定。

2. 对数频域稳定判据

开环系统的极坐标图与对数坐标图有如下对应关系：

（1）极坐标图上的单位圆对应于对数幅频特性图中的 0dB 线。

（2）极坐标图上的负实轴对应于对数相频特性图中的 $-\pi$ 相位线。

如果系统开环传递函数的极点全部位于 s 左半复平面，即 $P=0$，则在 $L(\omega)>0$dB 的所有频段内，对数相频特性与 $-\pi$ 相位线正穿越和负穿越次数之差为 0 时，闭环系统是稳定的；否则，闭环系统是不稳定的。如果系统开环传递函数有 P 个极点在 s 右半复平面，则在 $L(\omega)>0$dB 的所有频段内，对数相频特性与 $-\pi$ 相位线正穿越和负穿越次数之差为 $P/2$ 时，闭环系统是稳定的；否则，闭环系统不稳定。

3.1.6　闭环频率特性

单位反馈系统的闭环特性为：

$$W_B(j\omega) = M(\omega)e^{j\theta(\omega)}$$

式中，$M(\omega)$ 为闭环频率特性的幅值；$\theta(\omega)$ 为闭环频率特性的相角。

为了便于用闭环频率特性的 M_P 和 ω_P 来分析和设计系统，常采用等 M 圆和等 θ 圆，如图 3-1 所示。

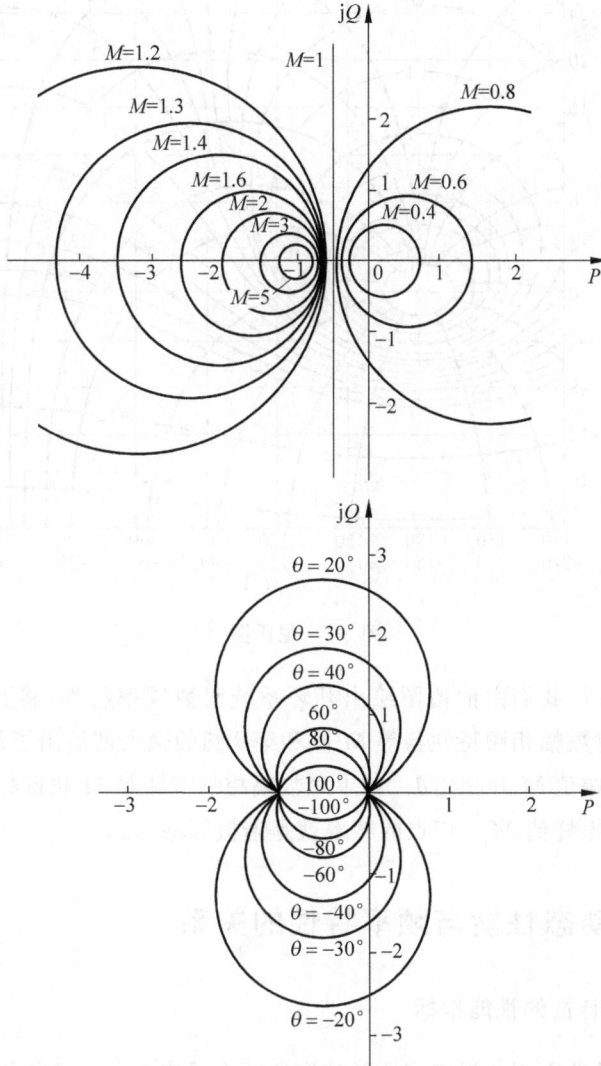

图 3-1　等 M 圆和等 θ 圆

$M=1$ 时，是通过 $\left(-\dfrac{1}{2}, j0\right)$ 这一点平行于虚轴的直线，当 M 变为无穷大时，缩小到 $(-1, j0)$ 这一点，这说明当 M_P 为无穷大时，系统处于不稳定边缘，M 大于 1 的圆位于 $M=1$ 线的左侧，M 小于 1 的圆位于 $M=1$ 线的右侧。

将等 M 圆和等 θ 圆绘于对数幅相频坐标中，在对数幅相平面上，由等 M 轨迹和

等 θ 轨迹构成的曲线簇称为尼克尔斯图,简称尼氏图,如图 3-2 所示。

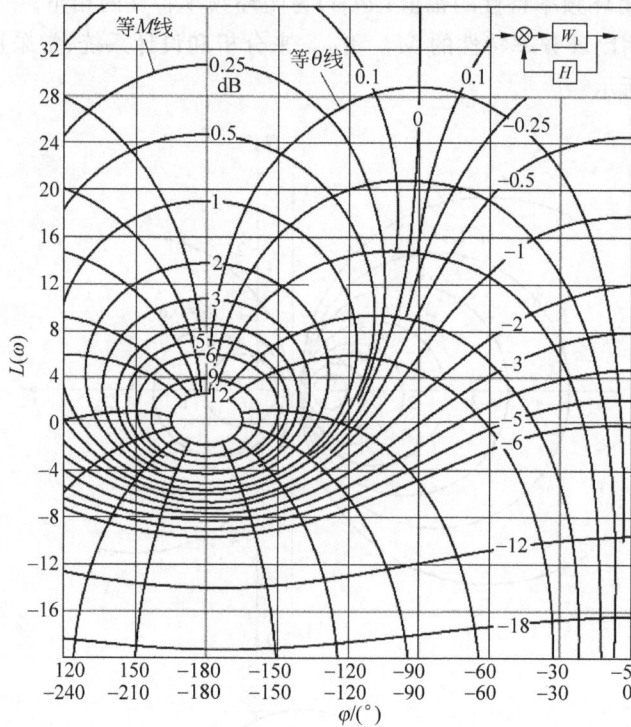

图 3-2   尼氏图

在分析系统时,我们由伯德图绘出开环系统对数频率特性,将其重叠在尼氏图上。那么,开环对数幅相频特性与等 M 圆和等 θ 圆的交点就给出了每一频率上闭环系统频率特性的幅值 M 和相角 θ。如果对数幅相频特性等 M 轨迹相切,切点就是闭环频率响应的谐振峰值 M_P,切点的频率就是谐振频率 ω_P。

3.1.7   系统动态性能与频率特性的关系

1. 开环频率特性的性能指标

在频域中,通常用相位裕度和增益裕度这两个量来表示系统的相对稳定性。

（1）相位裕度

开环系统幅相频特性不包围（-1，$\mathrm{j}0$）这一点,即在开环幅相频特性的幅值 $|W_K(\mathrm{j}\omega_c)|=1$ 时,相角位移 $\varphi(\omega_c)$ 应该大于 $-180°$,如图 3-3（a）、图 3-3（b）所示。一般以 $|W_K(\mathrm{j}\omega_c)|=1$ 或 $L(\omega_c)=20\lg A(\omega_c)=0$ 时,相位移 $\varphi(\omega_c)$ 距 $-180°$ 的角度来衡量系统的相对稳定性,并以 $\gamma(\omega_c)$ 或 PM 来表示这个角度,称为相位裕度:

$$\gamma(\omega_c)=180°+\varphi(\omega_c)$$

为了使最小相位系统是稳定的,$\gamma(\omega_c)$ 必须为正值。

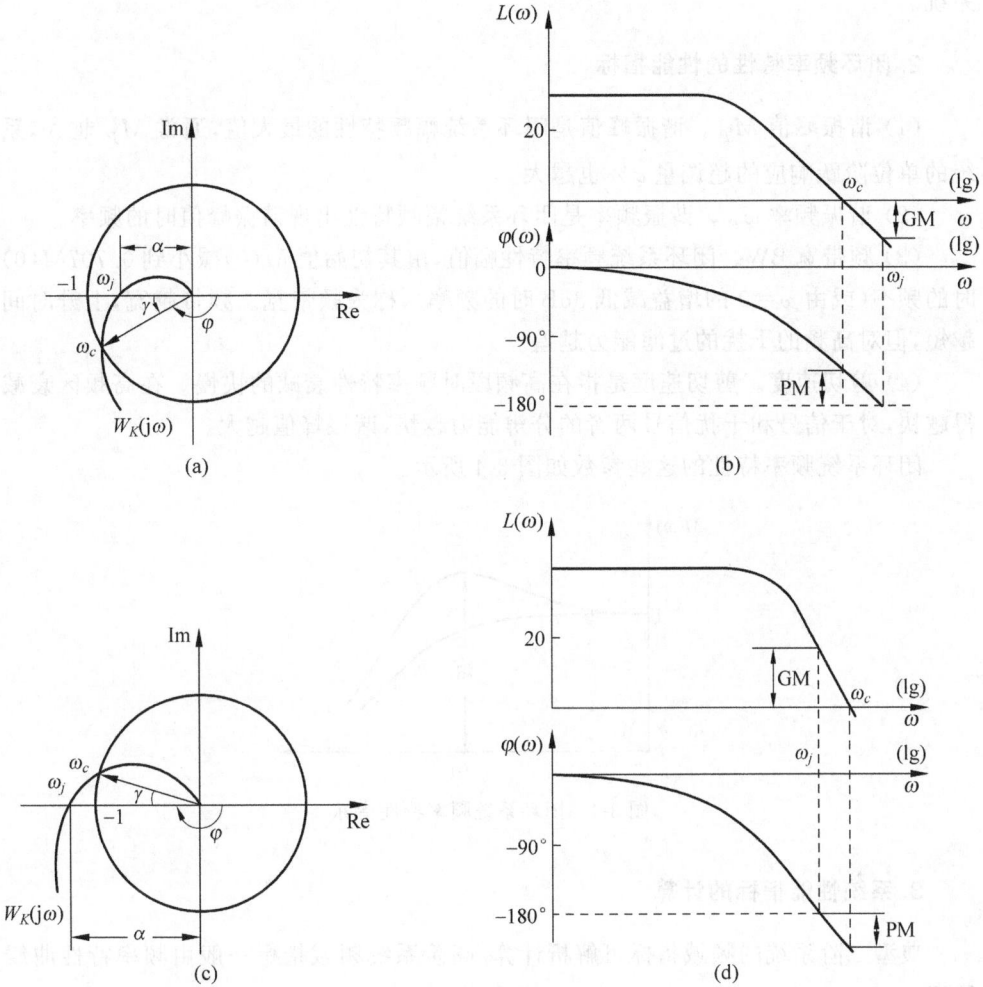

图 3-3　稳定裕度

（2）增益裕度

在相角位移 $\varphi(\omega)=-180°$ 时的频率 ω_j 称为相位截止频率；在 $\omega=\omega_j$ 时,幅相频率特性的幅值 $|W_K(j\omega_j)|$ 的倒数称为系统的增益裕度,计为 GM（如图 3-3）：

$$\text{GM}=-20\lg|W_K(j\omega_j)|\quad\text{dB}$$

对于最小相位系统,增益裕度的分贝数为正表示闭环系统是稳定的,分贝数为负表示系统是不稳定的。

系统开环对数幅频特性分为三个频段：低频段、中频段和高频段。

低频段是第一个转折点之前的频段,其特性由积分和开环增益决定,反映系统的稳定精度。中频段为截止频率 ω_c 附近的频段,其特性反映系统的稳定性和快速性。高频段为频率大于 $10\omega_c$ 的频段,其特性反映系统对高频干扰的抑制能力,高频特性的分贝值越低,系统抗干扰能力越强。

三频段的概念适用的前提是系统闭环稳定具有最小相位性质的单位负反馈系统。

2. 闭环频率特性的性能指标

(1)谐振峰值 M_P。谐振峰值是闭环系统幅频特性的最大值,通常 M_P 越大,系统的单位阶跃响应的超调量 $\sigma\%$ 也越大。

(2)谐振频率 ω_P。谐振频率是闭环系统幅频特性出现谐振峰值时的频率。

(3)频带宽 BW。闭环系统频率特性幅值,由其初始值 $M(0)$ 减小到 $0.707M(0)$ 时的频率(或由 $\omega=0$ 的增益减低 3dB 时的频率),称为频带宽。频带越宽,上升时间越短,但对高频的干扰的过滤能力越差。

(4)剪切速度。剪切速度是指在高频段时频率特性衰减的快慢。在高频区衰减得越快,对于信号和干扰信号两者的分辨能力越快,谐振峰值越大。

闭环系统频率特性的这些参数如图 3-4 所示。

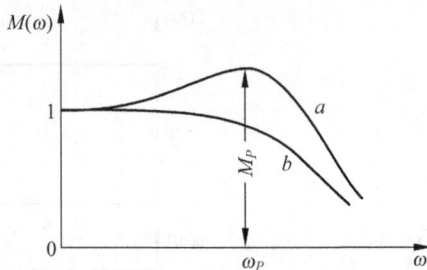

图 3-4　闭环系统频率特性指标

3. 系统性能指标的计算

典型二阶系统的频域指标可解析计算,高阶系统频域指标一般由频率特性曲线确定。

典型二阶系统开环传递函数为:

$$W_K(s) = \frac{\omega_n^2}{s(s+2\xi\omega_n)} \quad (0 < \xi < 1)$$

(1)穿越频率:$\omega_c = \omega_n \sqrt{-2\xi^2 + \sqrt{4\xi^4+1}}$

(2)相位裕度:$\gamma(\omega_c) = \arctan \dfrac{2\xi}{\sqrt{-2\xi^2 + \sqrt{4\xi^4+1}}}$

(3)调节时间:$t_s\omega_c = \dfrac{6}{\tan\gamma(\omega_c)}$

对于典型二阶系统,调节时间 t_s 与相位裕度 $\gamma(\omega_c)$ 有关。如果有两个系统,其 $\gamma(\omega_c)$ 相同,那么它们的超调量大致是相同的,但它们的动态过程时间与 ω_c 成反比。穿越频率 ω_c 越大的系统,调节时间 t_s 越短。所以,ω_c 在对数频率特性中是一个重要的参数,它不仅影响系统的相位裕度,也影响系统的动态过程时间。

(4) 带宽频率:$\omega_b = \omega_n \sqrt{1 - 2\xi^2 + \sqrt{2 - 4\xi^2 + 4\xi^4}}$

(5) 谐振频率:$\omega_P = \omega_n \sqrt{1 - 2\xi^2} \ (0 < \xi < 0.707)$

(6) 谐振峰值:$M_P = \dfrac{1}{2\xi \sqrt{1 - 2\xi^2}} (0 < \xi < 0.707)$

高阶系统由图解法近似确定相位裕度和幅值裕度。若系统存在一对欠阻尼主导极点时,也可用典型二阶系统的解析式近似分析。为了估算高阶系统频域指标和时域指标的关系,有时可以采用如下经验公式:

(1) 谐振峰值:$M_P \approx \dfrac{1}{\sin\gamma(\omega_c)}$

(2) 超调量:$\sigma\% = 0.16 + 0.4(M_P - 1)(1 \leqslant M_P \leqslant 1.8)$

(3) 调节时间:$t_s = \dfrac{K\pi}{\omega_c} (1 \leqslant M_P \leqslant 1.8)$,式中 $K = 2 + 1.5(M_P - 1) + 2.5(M_P - 1)^2$

3.2 【实验七】　惯性环节频率特性的测试

3.2.1　实验目的

1. 掌握测量惯性环节的频率特性的方法。
2. 根据所测得的频率特性,作出伯德图,据此求得环节的传递函数。

3.2.2　实验设备

1. ELVIS Ⅱ实验平台
2. 自动控制原理基础实验板
3. Keysight InfiniiVision 2000X 系列示波器
4. FLUKE 12E 数字万用表

3.2.3　实验原理

对于稳定的线性定常系统或环节,当其输入端加入正弦信号 $x(t) = X_m \sin\omega t$,它的稳态输出是一个与输入信号同频率的正弦信号,但其幅值和相位将随着输入信号频率 ω 的变化而变化。即输出信号为:

$$y(t) = Y_m \sin(\omega t + \varphi) = X_m |W(j\omega)| \sin(\omega t + \varphi)$$

式中,$|W(j\omega)| = Y_m/X_m$,$\varphi(\omega) = \arctan W(j\omega)$。

只要改变输入信号 $x(t)$ 的频率 ω,就可测得输出信号与输入信号的幅值比

$|W(j\omega)|$ 和它们的相位差 $\varphi(\omega) = \arctan W(j\omega)$。不断改变 $x(t)$ 的频率,就可测得被测环节的幅频特性 $|W(j\omega)|$ 和相频特性 $\varphi(\omega)$。图 3-5 为测试结构图,图 3-6 给出其相应的模拟电路图。

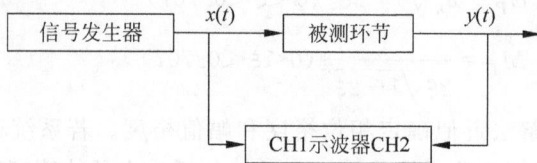

图 3-5　典型环节的测试结构图

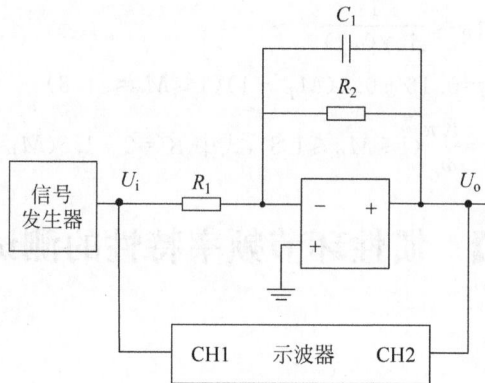

图 3-6　惯性环节的模拟电路图

3.2.4　实验内容

1. 仿真实验

(1) 登录信息学院网络化实验课程平台进入自动控制原理虚拟仿真实验课程,选择开环频率特性实验,设定系统为一阶系统,其表达式为: $W(s) = \dfrac{1}{0.01s+1}$。

(2) 在右侧图形显示区域,观察惯性环节的伯德图及奈氏图。

(3) 登录信息学院网络化实验课程平台进入自动控制原理虚拟仿真实验课程,选择开环系统伯德图绘制实验,观察特性曲线的绘制过程。

2. 硬件实验

(1) 按图 3-6 接线,设定给定信号为正弦波信号,其幅值为 3V(建议值,方便测试),逐步改变正弦波形的频率即可进行频率特性的测试工作。测量时,根据表 11-2 改变正弦信号频率值,输入信号的频率 ω 要取均匀。测试惯性环节频率特性的相关数据。

(2) 按实验数据分别画出该惯性环节的幅频、相频特性及对数频率特性,并与仿真实验结果对比分析。

（3）作 $20\lg(Y_m/X_m)\sim\omega$ 渐近线，并且根据图像求解环节的传递函数。

3.3 【实验八】 线性系统频率特性的测试

3.3.1 实验目的

1. 掌握测试线性系统的频率特性的方法。
2. 根据所测得的频率特性，写出系统的传递函数。

3.3.2 实验设备

1. ELVIS Ⅱ 实验平台
2. 自动控制原理基础实验板
3. Keysight InfiniiVision 2000X 系列示波器
4. FLUKE 12E 数字万用表

3.3.3 实验原理

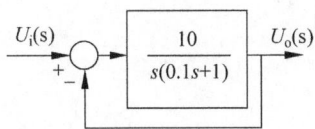

图 3-7　闭环二阶系统结构图

闭环二阶系统如图 3-7 所示，图 3-8 为它的模拟电路图。其中 $K=R_2/R_1$，$T_1=R_2C_1$，$T_2=R_3C_2$。

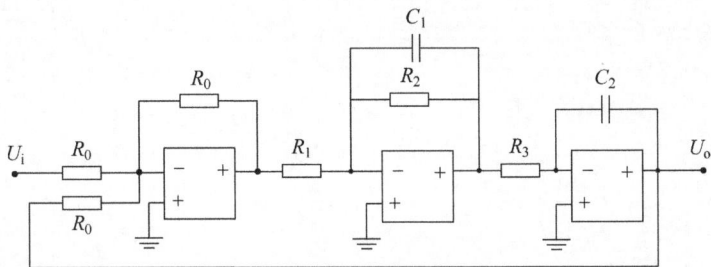

图 3-8　闭环二阶系统的模拟电路图

3.3.4 实验内容

1. 仿真实验

（1）登录信息学院网络化实验课程平台进入自动控制原理虚拟仿真实验课程，选择闭环频率特性实验，设定开环系统表达式为：$W_K(s)=\dfrac{1}{s(0.1s+1)}$，反馈通道传递函数为1。

（2）在右侧图形显示区域，观察闭环二阶环节的伯德图及奈氏图，求取系统的带宽频率 ω_b，谐振频率 ω_P 和谐振峰值 M_P 的理论值。

2. 硬件实验

（1）按图3-8接线，测试闭环系统频率特性的相关数据，填入表11-3中并整理。

（2）根据计算的实验数据分别画出闭环系统的幅频、相频特性及对数频率特性，并与仿真实验结果对比分析。

（3）做出闭环系统幅频特性的渐近线，据此求出传递函数，并与理论求得 $W(s)$ 的比较，分析误差原因。

（4）根据绘制的二阶系统闭环幅频特性曲线，求取系统的带宽频率 ω_b，谐振频率 ω_P 和谐振峰值 M_P 的实验值，并与理论计算的结果进行比较。

第4章 控制系统的校正

4.1 基础知识

系统的校正,就是给系统附加一些具有某种典型环节的传递函数,靠这些环节的参数配置和系统增益调整来有效地改善整个系统的控制性能,以达到要求的指标。一般来说校正的灵活性很大,为了满足同样的性能指标,可以采用不用的校正方法,校正问题的解不是唯一的。

4.1.1 基本校正方法

控制系统通常由被控对象、控制器和检测环节三个部分组成,它们分别对应于图 4-1 中的 $W_P(s),W_C(s)$ 和 $H(s)$。被控对象 $W_P(s)$ 是根据系统所应完成的具体任务而选定的,这些装置的结构和参数是固定不变的。一般情况下,仅仅依靠 $W_P(s)$ 本身的特性不可能同时满足对系统所提出的各项性能指标的要求。这时需要在系统中引入一些附加装置,这种为了改善系统的稳、动态性能而引入的装置,称为校正装置,即控制器 $W_C(s)$,也称为调节器。校正装置的选择及其参数整定的过程,称为控制系统的校正,即控制系统的综合问题。

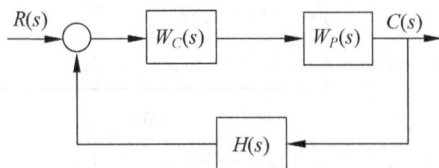

图 4-1 串联校正

根据校正装置和系统不可变部分的连接方式,通常可以分成三种基本的校正方式:串联校正、反馈校正(也称并联校正)和前馈校正。

1. 串联校正

校正装置与系统不可变部分成串联连接的方式称为串联校正,如图 4-1所示,为了减少校正装置的输出功率,以降低成本和功耗,通常将串联校正装置安置在正向通道的前端,因为前部信号的功率较小。串联校正的主要问题是对参数变化的敏感性较强。

2. 反馈校正

校正装置与系统不可变部分或不可变部分中的一部分按反馈方式连接,称为反馈校正,如图 4-2 所示,适当地选择反馈校正回路的增益,可以使校正后的性能主要取决于校正装置,而与被反馈校正装置所包围的系统固有部分特性无关。反馈校正可以抑制系统的参数波动及非线性因素对系统性能的影响。

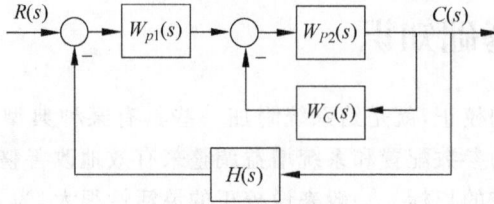

图 4-2　反馈校正

3. 前馈校正

前馈校正的信号取自闭环外的系统输入信号,由输入直接去校正系统,故称为前馈校正,如图 4-3 所示。按其所取的输入性质的不同,可以分成按给定的前馈校正(图 4-3(a))和按扰动的前馈校正(图 4-3(b))。前馈校正基于开环补偿的办法来提高系统的精度,所以一般不单独使用,总是和其他校正方式结合应用而构成复合控制系统,以满足某些性能要求较高的系统的需要。

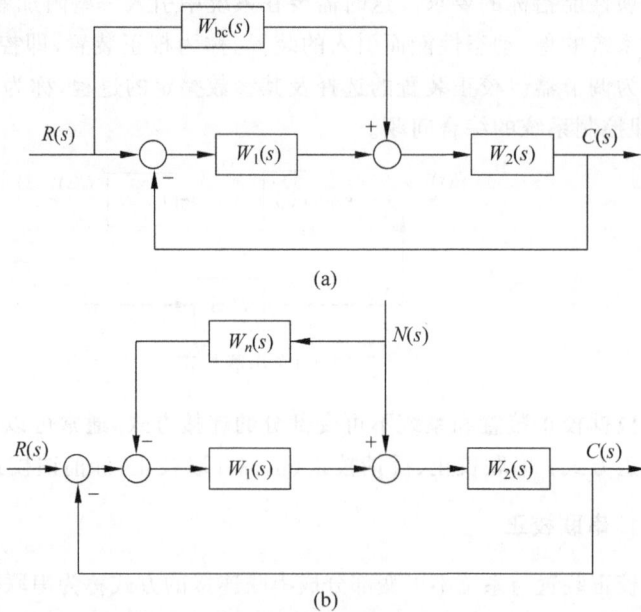

(a)

(b)

图 4-3　前馈校正

本章研究用频率法校正控制系统,主要是改变频率特性形状,使之具有合适的高频、中频和低频特性以及稳定裕度。用频率法校正系统时,通常以频域指标如相位裕度 $\gamma(\omega_c)$、增益裕度 GM、谐振峰值 M_P、频带宽度 ω_b 及速度误差系数 K_v 来衡量和调整控制系统动态响应性能,通过伯德图来校正系统。

实际上就是采用校正装置来改善伯德图上频率特性的形状,以满足控制系统所要求的性能指标。对数频率特性的低频段影响系统的稳态误差,在要求系统的输出量以某一精度跟随输入量时,需要系统在低频段具有相应的增益。在中频段,为了保证系统有足够的相位裕度 $\gamma(\omega_c)$,其特性斜率应为 -20dB/dec,一般不超过 -30dB/dec,而且在穿越频率附近要有一定的延伸段。在高频段,为了减少高频干扰的影响,常常希望系统有尽快衰减的特性。总之,校正后的控制系统应具有足够的稳定裕度,有满意的动态响应,并有足够的增益以使稳态误差达到规定的要求。

4.1.2 串联校正

串联校正是最常用的校正方式。按校正装置的特点来分,串联校正又分为串联超前(微分)校正、串联滞后(积分)校正和串联滞后-超前(积分-微分)校正。

超前校正是用来提高系统的动态性能,而又不影响系统稳态精度的一种校正方法。

超前校正的主要作用是产生超前相角,补偿系统固有的部分穿越频率 ω_c 附近的相角滞后,使之在穿越频率处相位超前,以增加相位裕度,这样既能使开环增益足够大,又能提高系统的稳定性,超前校正会使带宽增加,加快系统的动态响应速度。

滞后校正利用滞后网络的高频幅值衰减特性,降低系统的穿越频率,以提高系统的相位裕度,是在系统动态品质满意的情况下改善系统稳态性能的一种校正。滞后校正可改善系统的稳态特性,减少稳态误差。

如果需要同时改善系统的动态品质和稳态精度,则可采用串联滞后-超前校正。校正后的系统响应速度快,常用的串联校正环节如表 4-1 所示。

表 4-1 常用串联校正环节

校 正 环 节		频 率 特 性
超前校正	微分校正	$W_c(\mathrm{j}\omega) = \dfrac{1}{\gamma_d}\dfrac{\mathrm{j}\omega T + 1}{\mathrm{j}\omega T/\gamma_d + 1}$
	比例-微分校正	$W_c(\mathrm{j}\omega) = K_C(1 + \mathrm{j}\omega T_d)$
滞后校正	滞后校正	$W_c(\mathrm{j}\omega) = \dfrac{1}{\gamma_i}\dfrac{\mathrm{j}\omega + \dfrac{1}{T}}{\mathrm{j}\omega + \dfrac{1}{\gamma_i T}}$
	比例-积分校正	$W_c(\mathrm{j}\omega) = K_i\dfrac{\mathrm{j}\omega T_i + 1}{\mathrm{j}\omega}$

校　正　环　节		频　率　特　性
超前-滞后校正	超前-滞后校正	$W_c(\mathrm{j}\omega)=\left(\dfrac{\mathrm{j}\omega T_d+1}{\mathrm{j}\omega\,\dfrac{T_d}{\gamma}+1}\right)\left(\dfrac{\mathrm{j}\omega T_i+1}{\mathrm{j}\omega\gamma T_i+1}\right)\quad(\gamma>1)$
	比例-积分-微分校正（PID 调节器）	$W_c(\mathrm{j}\omega)=K_p\left(1+\dfrac{1}{\mathrm{j}\omega T_i}+\mathrm{j}\omega T_d\right)$

常用的校正网络分为无源校正网络和有源校正网络。

无源校正网络：阻容电路。优点：校正元件的特性比较稳定。缺点：由于输入阻抗较高而输出阻抗较低，需另加放大器并进行隔离，没有放大增益，只有衰减。

有源校正网络：阻容电路加线性集成运算放大器。优点：带有放大器，增益可调，使用方法灵活。缺点：特性容易漂移。

无源校正网络和有源校正网络电路图可参照理论教材《自动控制原理（第 2 版）（清华大学出版社，2014）》中的表 6-4 和表 6-5。

4.1.3　反馈校正

系统中，传递函数为 $W_2(s)$ 的一部分被传递函数 $W_c(s)$ 的反馈环节所包围，从而形成局部的反馈的形式，如图 4-4 所示。

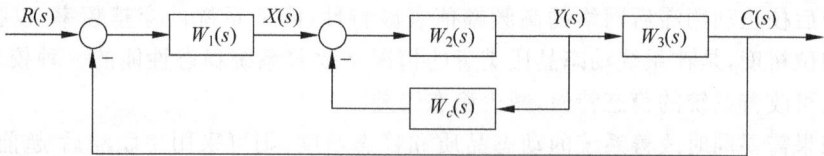

图 4-4　局部的反馈结构图

引入 $W_c(s)$ 后，$W_2'(\mathrm{j}\omega)=\dfrac{Y(\mathrm{j}\omega)}{X(\mathrm{j}\omega)}=\dfrac{W_2(\mathrm{j}\omega)}{1+W_2(\mathrm{j}\omega)W_c(\mathrm{j}\omega)}$，如果原系统中的 $W_2(s)$ 是不希望有的特性，则这种特性有可能含有严重的非线性，有可能参数会发生较大变化，也有可能其特性对系统不利。如果 $|W_2(\mathrm{j}\omega)W_c(\mathrm{j}\omega)|\gg1$，则在一定的参数配合条件下，局部小闭环的特性几乎与原系统的 $W_2(s)$ 部分无关。

反馈校正的作用可以归纳为：

（1）改变系统内某局部的结构与参数。

（2）削弱非线性因素的影响。

（3）提高系统对模型参数变化的抗干扰能力。

（4）抑制干扰。

4.1.4　复合校正

复合校正分为两大类,即按扰动补偿的复合控制和按输入补偿的复合控制。

1. 按扰动补偿的复合控制

按扰动补偿的复合控制系统如图 4-5 所示,$N(s)$ 为系统扰动,$W_n(s)$是为了补偿 $N(s)$ 的影响而引入的前馈装置传递函数。

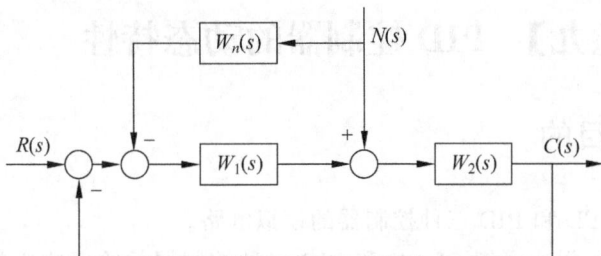

图 4-5　按扰动补偿的复合控制系统结构图

按扰动补偿的复合控制系统,它所希望达到的理想要求是通过 $W_n(s)$ 的补偿使扰动 $N(s)$ 不影响系统的输出 $C(s)$,从传递函数上考虑,就是使扰动时输出的传递函数为零,故有:

$$\frac{C(s)}{N(s)} = \frac{W_2(s) - W_n(s)W_1(s)W_2(s)}{1 + W_1(s)W_2(s)} = 0$$

即

$$W_2(s) - W_n(s)W_1(s)W_2(s) = 0$$

从而得到 $W_n(s) = \dfrac{1}{W_1(s)}$,称为按扰动作用的完全补偿条件。

2. 按输入补偿的复合控制

按输入补偿的复合控制系统如图 4-6 所示,设计的主导思想是通过对输入补偿的前馈校正装置 $W_{bc}(s)$ 的设计,使输出能更好地跟踪输入的变化,这种开环的补偿方式不影响系统闭环的特征方程,所以不会影响系统的稳定性。

在完全补偿的条件下,系统的输出将完全复现输入的变化,即

$$W_B(s) = \frac{C(s)}{R(s)} = \frac{W_1(s)W_2(s) + W_{bc}(s)W_2(s)}{1 + W_1(s)W_2(s)} = 1$$

从而得到 $W_{bc}(s) = \dfrac{1}{W_2(s)}$,称为按输入作用的完全补偿条件。由于完全补偿条件不能物理实现,所以往往采用近似补偿来代替。

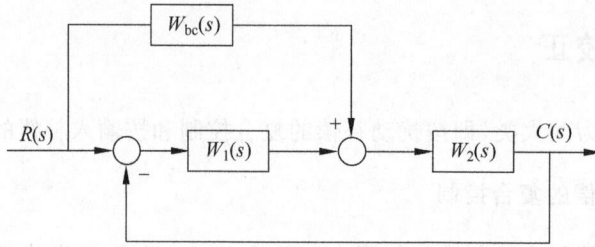

图 4-6　按输入补偿的复合控制系统结构图

4.2 【实验九】 PID 控制器的动态特性

4.2.1　实验目的

1. 熟悉 PI、PD 和 PID 三种控制器的模拟电路。
2. 通过实验，深入了解 PI、PD 和 PID 三种控制器的阶跃响应特性和相关参数对它们性能的影响。

4.2.2　实验设备

1. ELVIS Ⅱ实验平台
2. 自动控制原理基础实验板
3. Keysight InfiniiVision 2000X 系列示波器
4. FLUKE 12E 数字万用表

4.2.3　实验原理

PI、PD 和 PID 三种控制器是工业控制系统中广泛应用的有源校正装置。其中，PD 为超前校正装置，它适用于稳态性能已满足要求，而动态性能较差的场合；PI 为滞后校正装置，它能改变系统的稳态性能；PID 是一种滞后超前校正装置，它兼有 PI 和 PD 两者的优点。

1. PD 控制器

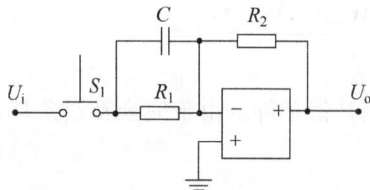

图 4-7　PD 控制器

图 4-7 为 PD 控制器的电路图，它的传递函数为：

$$W(s) = -K_P(T_D s + 1)$$

式中，$K_P = R_2/R_1$，$T_D = R_1 C$，$R_1 = 200\text{k}\Omega$，$R_2 = 200\text{k}\Omega$，$C = 0.1\mu\text{F}$。

2. PI 控制器

图 4-8 为 PI 控制器的电路图,它的传递函数为:

$$W(s) = -\frac{R_2 C_2 s + 1}{R_1 C_2 s} = -\frac{R_2}{R_1}\left(1 + \frac{1}{R_2 C_2 s}\right)$$

$$= -K_P\left(1 + \frac{1}{T_2 s}\right)$$

式中,$R_1 = 200\text{k}\Omega$,$R_2 = 200\text{k}\Omega$,$C = 0.1\mu\text{F}$。

3. PID 控制器

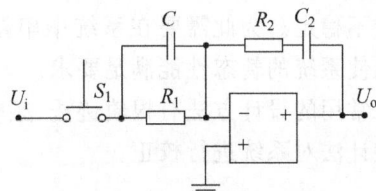

图 4-9 为 PID 控制器的电路图,它的传递函数为:

$$W(s) = -\frac{(\tau_1 s + 1)(\tau_2 s + 1)}{T_i s} = -\frac{\tau_1 \tau_2}{T_i}\left[1 + \frac{1}{(\tau_1 + \tau_2)s} + \frac{\tau_1 \tau_2 s}{\tau_1 + \tau_2}\right]$$

$$= -K_P\left(1 + \frac{1}{T_I s} + T_D s\right)$$

式中,$\tau_1 = R_1 C_1$,$\tau_2 = R_2 C_2$,$T_i = R_1 C_2$,$K_P = \dfrac{\tau_1 \tau_2}{T_i}$,$T_I = \tau_1 + \tau_2$,$T_D = \dfrac{\tau_1 \tau_2}{\tau_1 + \tau_2}$,

$R_1 = 200\text{k}\Omega$,$R_2 = 1\text{M}\Omega$,$C_1 = 0.1\mu\text{F}$,$C_2 = 1\mu\text{F}$。

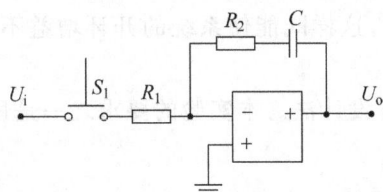

图 4-8 PI 控制器   图 4-9 PID 控制器

4.2.4 实验内容

1. 令 $C = 0.1\mu\text{F}$,$R_2 = 200\text{k}\Omega$,分别测试并记录 $R_1 = 100\text{k}\Omega$ 和 $200\text{k}\Omega$ 时的 PD 控制器的单位阶跃响应,与由理论求得的输出波形作比较,分析参数的变化对 PD 控制器性能的影响。

2. 令 $C = 0.1\mu\text{F}$,$R_1 = 200\text{k}\Omega$,分别测试并记录 $R_2 = 100\text{k}\Omega$ 和 $200\text{k}\Omega$ 时的 PI 控制器的单位阶跃响应,与由理论求得的输出波形作比较,分析参数的变化对 PI 控制器性能的影响。

3. 测试并记录 PID 控制器的单位阶跃响应,与由理论求得的输出波形作比较。

4.3 【实验十】 控制系统的动态校正

4.3.1 实验目的

1. 学习设计校正装置,利用构成的模拟系统进行实验和实际调试,使学生能认识到校正装置在系统中的重要性。

2. 掌握工程中常用的二阶系统和三阶系统的工程设计方法。

4.3.2 实验设备

1. ELVIS Ⅱ实验平台
2. 自动控制原理基础实验板
3. Keysight InfiniiVision 2000X 系列示波器
4. FLUKE 12E 数字万用表

4.3.3 实验原理

当系统的开环增益满足其稳态性能的要求后,它的暂态性能一般都不理想,甚至会不稳定。为此需要在系统中串接校正装置,这样既能使系统的开环增益不变,又能使系统的暂态性能满足要求。

常用的设计方法有根轨迹法、频率法和工程设计法。本实验的要求之一是用工程设计法对系统进行校正。

1. 二阶系统

图 4-10 为二阶系统的标准结构图,它的开环传递函数为:

$$W_K(s) = \frac{\omega_n^2}{s(s+2\xi\omega_n)} = \frac{\omega_n^2/(2\xi\omega_n)}{s[(s/2\xi\omega_n)+1]} \tag{4-1}$$

图 4-11 为二阶系统的原理结构图,图 4-12 为二阶系统的模拟电路图。

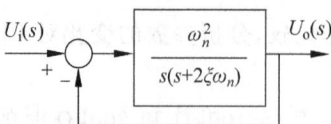

图 4-10　二阶系统的标准结构图

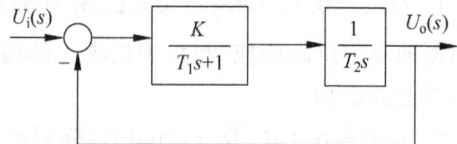

图 4-11　二阶系统的原理结构图

系统的开环传递函数为:

$$W_K(s) = \frac{K}{T_2s(T_1s+1)} = \frac{K'}{s(T_1s+1)} \tag{4-2}$$

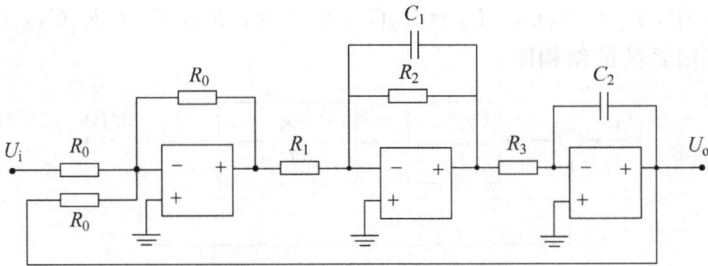

图 4-12 二阶系统的模拟电路图

式中，$K' = \dfrac{K}{T_2}$，比较式（4-1）和式（4-2）得：

$$T_1 = \frac{1}{2\xi\omega_n}, \qquad \frac{K'}{T_2} = \frac{\omega_n^2}{2\xi\omega_n} = \frac{\omega_n}{2\xi}$$

若要求 $\xi = \dfrac{1}{\sqrt{2}}$，则 $T = \dfrac{1}{\dfrac{2\omega_n}{\sqrt{2}}} = \dfrac{1}{\sqrt{2}\,\omega_n}$，$\dfrac{K'}{T_2} = \dfrac{\omega_n}{\dfrac{2}{\sqrt{2}}} = \dfrac{\omega_n}{\sqrt{2}} = \dfrac{1}{2T}$，二阶系统闭环传递函

数的标准形式为：

$$W_B(s) = \frac{\omega_n^2}{s^2 + \sqrt{2}\,\omega_n s + \omega_n^2}$$

把 $\omega_n = \dfrac{1}{\sqrt{2}\,T}$ 代入上式得：

$$W_B(s) = \frac{1}{2T_1^2 s^2 + 2T_1 s + 1}$$

$$W_K(s) = \frac{1}{2T_1 s(T_1 s + 1)}$$

$W_B(s)$ 是二阶系统工程最佳参数的闭环传递函数。该系统的阻尼比 $\xi = 1/\sqrt{2} = 0.707$，对阶跃响应的超调量 $\sigma\%$ 只有 4.3%，调整时间 t_s 为 $8T_s(\Delta = \pm 0.05)$，相位裕量 $\gamma = 63°$。

2. 三阶系统

图 4-13 为三阶控制系统的模拟电路图。

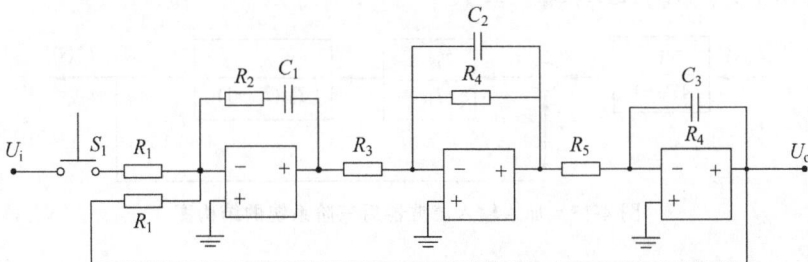

图 4-13 三阶系统的模拟电路图

图 4-13 中，$T_1 = R_1 C_1$，$T_2 = R_2 C_1$，$K = R_4/R_3$，$T_3 = R_4 C_2$，$T_4 = R_5 C_3$。图 4-14 为三阶系统的结构图。

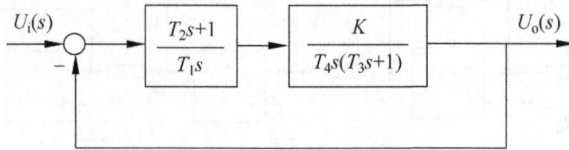

图 4-14　三阶系统结构图

由图 4-14 求得该系统的开环与闭环传递函数分别为：

$$W_K(s) = \frac{K'(T_2 s + 1)}{T_1 s^2 (T_3 s + 1)}$$

$$W_B(s) = \frac{K'(T_2 s + 1)}{T_1 T_3 s^3 + T_1 s^2 + K' T_2 s + K'}$$

式中，$K' = K/T_4$。由理论证明，当 $T_2 = 4T_3$，$T_1 = 8\dfrac{KT_3}{T_4}$ 时，三阶系统具有下列理想的性能指标：超调量 $\sigma\% = 4.3\%$，调整时间 $t_s = 18T_3$，相位裕量 $\gamma = 36.8°$。此时，$W_B(s)$ 可以改写为：

$$W_B(s) = \frac{4T_3 s + 1}{8T_3^3 s^3 + 8T_3^2 s^2 + 4T_3 s + 1}$$

显然，上式的性能指标要比二阶系统差，这主要是由三阶系统闭环传递函数的分子多项式引起的。为此，需在系统的输入端串接一个给定的滤波器，它的传递函数为：

$$W_F(s) = \frac{1}{4T_3 s + 1}$$

于是系统的闭环传递函数变为：

$$W_B(s) = \frac{1}{8T_3^3 s^3 + 8T_3^2 s^2 + 4T_3 s + 1}$$

在阶跃信号作用下，上述三阶系统具有下列的性能指标：超调量 $\sigma\% = 8\%$，上升时间 $t_r = 7.6T_3$，调整时间 $t_s = 16.4T_3$。

加入输入滤波器后系统的结构图如图 4-15 所示，图 4-16 为给定滤波器的模拟电路图，图中 $R_7/R_6 = 1$，$R_7 C_4 = 4T_3$。

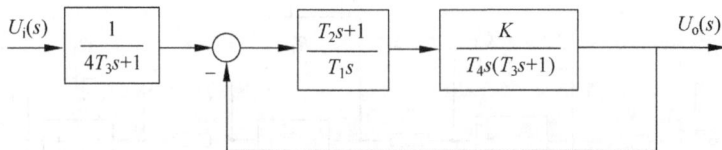

图 4-15　加入输入滤波器后三阶系统的结构图

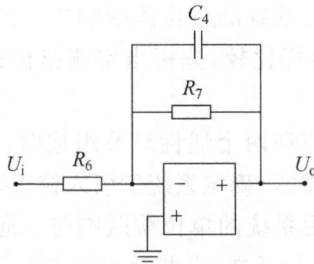

图 4-16　给定滤波器的模拟电路图

4.3.4　实验内容

1. 仿真实验

（1）对象为积分环节和惯性环节组成时，其系统结构图如图 4-17 所示。按二阶系统的工程设计方法要求，确定系统所引入校正装置的传递函数。

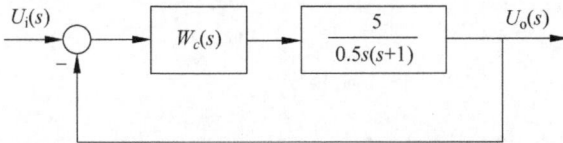

图 4-17　对象由积分环节和惯性环节组成的二阶系统

（2）登录信息学院网络化实验课程平台进入自动控制原理虚拟仿真实验课程，选择串联校正系统设计实验，测试并记录上述校正前后系统的单位阶跃响应，确定校正后系统的性能指标。

（3）对象由一个积分环节和两个惯性环节组成时，其系统结构如图 4-18 所示。按三阶系统的工程设计方法要求，确定系统所引入校正装置的传递函数。

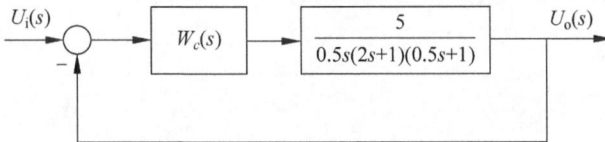

图 4-18　对象由两个惯性环节和积分环节组成的三阶系统

（4）登录信息学院网络化实验课程平台进入自动控制原理虚拟仿真实验课程，选择串联校正系统设计实验，测试并记录上述校正前后系统的单位阶跃响应，确定校正后系统的性能指标。

2. 硬件实验

（1）对象由积分环节和惯性环节组成时，其系统结构图如图 4-17 所示。按二阶系统的工程设计方法要求，确定系统所引入校正装置的模拟电路图。

　　(2) 测试并记录校正前后系统的单位阶跃响应。通过实验所得波形,确定系统的性能指标,并与理想性能指标比较,分析当实测指标达不到设计要求时该如何调节,并分析原因。

　　(3) 对象由一个积分环节和两个惯性环节组成时,其系统结构如图 4-18 所示。按三阶系统的工程设计方法要求,确定系统所引入校正装置的模拟电路图。

　　(4) 测试并记录校正前后系统的单位阶跃响应。通过实验所得波形,确定系统的性能指标,并与理想性能指标比较,分析当实测指标达不到设计要求时该如何调节,并分析原因。

第5章

非线性系统分析

5.1 基础知识

含有非线性特性的系统,称为非线性系统。非线性系统的本质特点是叠加原理不成立,由于非线性因素的存在,出现了许多线性系统所没有的动态特点。对于非线性系统的分析和设计,通常有五类方法。其中,第一类方法是等效线性化,这是一种工程的近似分析方法;第二类方法是相平面或根轨迹分析方法。

1. 稳定性

线性系统的稳定性,只取决于系统的结构和参数,而与起始状态无关。

非线性系统的稳定性,除了与系统的结构、参数有关外,很重要的一点是与系统的起始偏离的大小密切相连。起始偏离小,系统可能稳定;起始偏离大,系统可能就不稳定。

2. 运动形式

线性系统动态过程的形式与起始偏离或外作用的大小无关。如果系统具有复数主导极点,则响应总是振荡形式的,绝不会出现非周期性的单调过程。非线性系统则不然,小偏离时单调变化,大偏离时很可能就出现振荡。非线性系统的动态响应不服从叠加原理。

3. 自振

非线性系统有可能发生自激振荡,又简称自振。自振是由系统内部产生的一种稳定的周期运动。非线性系统的自振不同于线性系统中临界时的等幅振荡状态。线性系统中的临界稳定只发生在结构参数的某种配合下,参数稍有变化,等幅振荡便不复存在,而非线性系统的自振却在一定范围内能长期存在,不会由于参数的一些变化而消失。

5.2 【实验十一】 典型非线性环节的模拟

5.2.1 实验目的

1. 熟悉典型非线性环节的模拟电路。
2. 掌握非线性特性及其测量方法。

5.2.2 实验设备

1. ELVIS Ⅱ实验平台
2. 自动控制原理基础实验板
3. Keysight InfiniiVision 2000X 系列示波器
4. FLUKE 12E 数字万用表

5.2.3 实验原理

图 5-1 为非线性特性的测量接线图。信号发生器的输出同时接到非线性环节的输入端和示波器的 X 轴，非线性环节的输出接至示波器的 Y 轴。这样在示波器（$x-y$ 模式）上就能显示出相应的非线性特性。

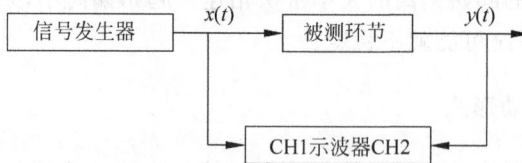

图 5-1 非线性特性的测量接线图

要测试的典型非线性特性有下列五种。

1. 继电器特性

实现继电器特性的模拟电路图与其特性曲线如图 5-2 所示。调节两只电位器的滑动端，就可调节输出的限幅值 M。

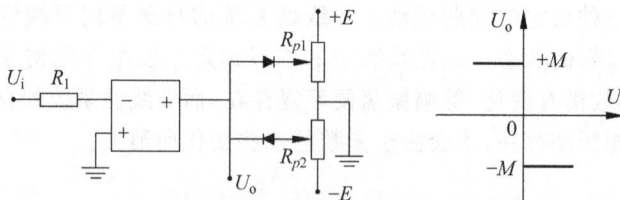

图 5-2 继电器特性的模拟电路图及特性曲线

2. 饱和特性

实现饱和非线性特性的模拟电路图和特性曲线如图 5-3 所示。它的数学表达式为：

$$U_o = \begin{cases} \pm U_i R_2/R_1 & (|U_i| \leqslant |U_{i0}|, \tan\theta = R_2/R_1) \\ \pm M & (|U_i| > |U_{i0}|) \end{cases}$$

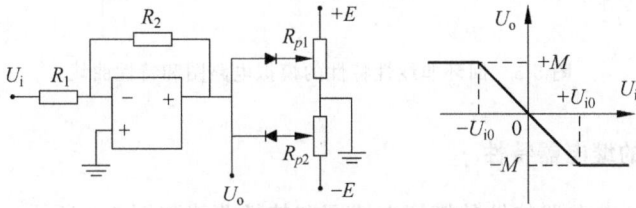

图 5-3　饱和非线性特性的模拟电路图和特性曲线

3. 死区特性

实现死区非线性特性的模拟电路图和特性曲线如图 5-4 所示。它的数学表达式为：

$$U_o = \begin{cases} 0 & (|U_i| \leqslant |U_{i0}|) \\ -K(U_i - U_{i0}\,\mathrm{Sgn}\,U_i) & (|U_i| > |U_{i0}|) \end{cases}$$

当 $|U_i| \leqslant aE/(1-a)$ 时，$K=0$；当 $|U_i| > aE/(1-a)$ 时，$K=-(1-a)R_2/R_1$，$\tan\theta = (1-a)R_2/R_1$。式中，$U_{i0}$，$\theta$ 和 K 为死区非线性的主要特征参数。改变电位器的分位值 a，就能改变 θ 和 K。

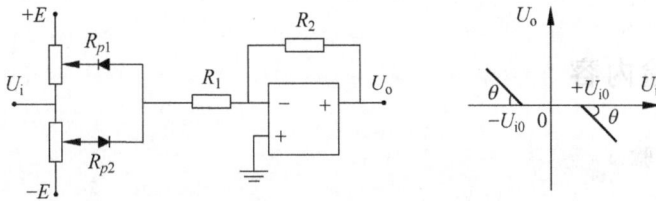

图 5-4　死区非线性特性的模拟电路图和特性曲线

4. 回环非线性特性

实现回环非线性特性的模拟电路图和特性曲线如图 5-5 所示。它的数学表达式为：

$$U_o = \frac{C_2}{C_1}(1-a)(U_i \pm U_{i0})$$

$$\theta = \arctan[(1-a)C_2/C_1]$$

式中，$U_{i0}=aE/(1-a)$，由上式可见，只要改变参数 C_1，C_2 和电位器的分位值 a，就能改变特性的夹角 θ。

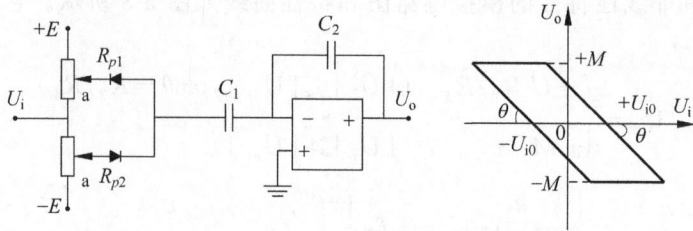

图 5-5　回环非线性特性的模拟电路图和特性曲线

5. 带回环的继电器特性

实现带回环继电器特性的模拟电路图和特性曲线如图 5-6 所示。运算放大器需接成正反馈，其反馈系数为 $K=R_1/(R_1+R_2)$。显然，R_2 越小，正反馈的系数 K 越大，说明正反馈越强。环宽的电压 U_{i0} 与输出限幅电压 M 和反馈系数 K 有关，其关系为 $U_{i0}=KM$。

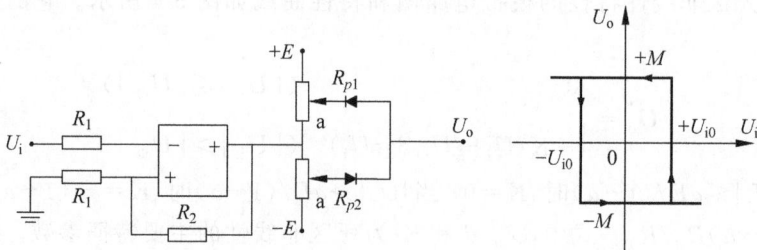

图 5-6　带回环继电器特性的模拟电路图和特性曲线

5.2.4　实验内容

1. 仿真实验

登录信息学院网络化实验课程平台进入自动控制原理虚拟仿真实验课程，选择非线性环节实验，通过仿真实验观察上述 5 种非线性特性的波形及仿真电路。

2. 硬件实验

根据各典型环节设计相应的模拟电路。用示波器（X-Y 模式）记录其非线性特性曲线，调节相关参数，观察它们对非线性特性的影响。

第6章

线性离散系统

>>>

6.1 基础知识

根据控制系统中信号的形式,可以把控制系统划分为连续控制系统和离散控制系统。系统中的各个变量,如输入量 $x_r(t)$、输出量 $x_c(t)$ 和偏差量 $e(t)$ 等,都是时间 t 的连续函数,这样的系统称为连续时间系统,简称连续系统。目前控制系统广泛使用计算机来进行数字方式传递和处理信息,这样的控制系统信号仅定义在离散时间上,这样的系统称为离散时间系统,简称离散系统。

离散系统与连续系统相比,在信号的传递方式上有所不用,但在分析方法方面有很多相似之处。

6.1.1 线性离散系统的基本概念

1. 控制系统中的信号及处理方式

离散系统中的连续信号和离散信号是并存的。首先简单介绍一下系统中的信号。

模拟信号(即连续信号):时间上连续,幅值上也连续的信号。

离散的模拟信号:时间上离散,幅值上连续的信号。

数字信号:时间上离散,幅值上也离散的信号;或者说,时间离散,幅值是用一组数码表示的信号。

采样:将模拟信号按一定时间采样成离散的模拟信号。

量化:采用一组数码来逼近离散模拟信号的幅值,将其转化成数字信号。

2. 控制系统按信号形式的分类

自动控制系统按照所包含的信号形式可以划分为以下三种形式:

(1) 连续控制系统。系统中均为模拟信号,典型结构如图 6-1(a)所示。

(2) 采样控制系统。它是既含有连续信号又含有离散模拟信号的混合系统,典型结构如图 6-1(b)所示,从结构图上看,采样控制系统是由连续的控制对象、离散的控制器、采样器和保持器等几个环节组成的。

（3）数字控制系统。系统中包含数字信号,典型结构如图 6-1(c)所示。

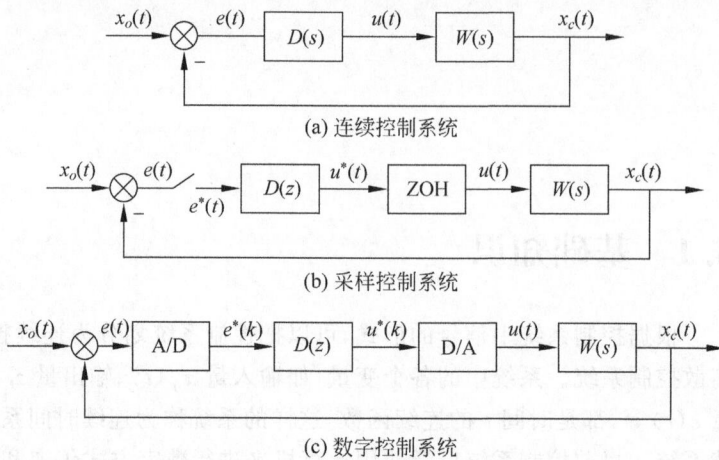

(a) 连续控制系统

(b) 采样控制系统

(c) 数字控制系统

图 6-1   三种系统典型结构图

在计算机控制系统中,除含有数字信号外,由于被控对象是连续的,因此系统中也含有连续信号,如果略去数值信号量化效应,则计算机控制系统即为采样控制系统。

3. 采样控制系统的特点

采样控制系统是一个断续控制系统,它的特点是:

（1）在连续系统中的一处或几处设置采样开关,对被控对象进行断续控制。

（2）通常采样周期远小于被控对象的时间常数。

（3）采样开关合上的时间远小于断开的时间。

（4）采样周期通常是相同的。

6.1.2   离散时间函数的数学表达式及采样定理

1. 离散时间函数的数学表达式

离散信号经采样后变成离散信号或脉冲序列。采样过程如图 6-2 所示,可以看成是信号的调制过程。其特点是,开关打开时没有输出,开关闭合时有输出,其值等于采样时刻的模拟量 $f(t)$。其中,载波信号为单位脉冲序列 $\delta_T(t)$。

采样函数 $f^*(t)$ 可以写成:

$$f^*(t) = f(t)\delta_T(t) = \sum_{k=-\infty}^{\infty} f(kT)\delta_T(t-kT)$$

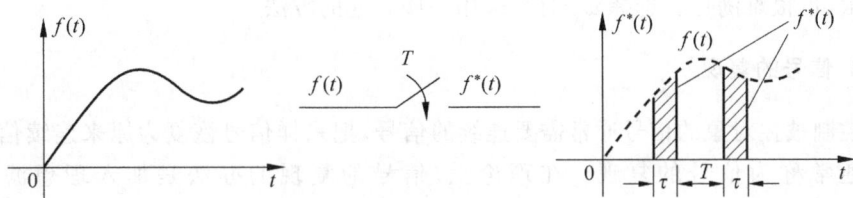

图 6-2　采样过程

2. 采样函数 f*(t)的频谱分析

把周期函数展成复数形式的傅里叶级数,然后对它的频率和振幅进行分析,称为频谱分析。

单位量脉冲序列 $\delta_T(t)$ 傅里叶级数为:

$$\delta_T(t) = \frac{1}{T}\sum_{k=-\infty}^{\infty} e^{jk\omega_s t}$$

采样函数 $f^*(t)$ 的频谱为:

$$f^*(t) = f(t)\delta_T(t) = \frac{1}{T}\sum_{k=-\infty}^{\infty} f(kT)e^{jk\omega_s t}$$

对 $f^*(t)$ 拉普拉斯变换,并令 $s=j\omega$,则得:

$$F^*(j\omega) = \frac{1}{T}\sum_{k=-\infty}^{\infty} F(j\omega + jk\omega_s)$$

$$= \cdots + \frac{1}{T}F(j\omega - j\omega_s) + \frac{1}{T}F(j\omega) + \frac{1}{T}F(j\omega - j\omega_s) + \cdots$$

上式建立了连续函数 $f(t)$ 的频谱 $F(j\omega)$ 和采样函数频谱 $F^*(j\omega)$ 之间的关系。通常 $F(j\omega)$ 是孤立的连续频谱,采样函数频谱 $F^*(j\omega)$ 是离散的,当 $k=0$ 时, $\frac{1}{T}F(j\omega)$ 为主频谱,当 $k\neq0$ 时,有无穷多个附加的高频频谱,每隔采样角频率 ω_s 重复一次。

3. 采样定理

将连续信号转换成离散信号的过程,称为采样过程,该过程可以看成是信号的调制过程。采样定理需要解决的问题是采样周期选多大,才能将采样信号较少失真地恢复为原来的连续信号。

香农采样定理:如果 $f(t)$ 是有限带宽的信号,即当 $\omega>\omega_{max}$ 时, $F(\omega)=0$,而 $f^*(t)$ 是 $f(t)$ 的理想采样信号,则当采样频率 $\omega_s \geqslant 2\omega_{max}$ 时,一定可以由采样信号 $f^*(t)$ 唯一地决定出原始信号 $f(t)$,即当 $\omega_s \geqslant 2\omega_{max}$ 时,可由 $f^*(t)$ 完全地恢复出 $f(t)$ 。

应当指出,采样定理只给出一个指导原则,因为一般信号的 ω_{max} 很难求出,且带宽有限,也很难满足。选择 ω_s 时会采用一些其他的方法。

4. 信号的复现

控制被控对象的信号通常需要连续的信号,把采样信号恢复为原来连续信号的过程通常称为信号的复现。在理论上,信号的复现的办法是加入理想滤波器 $W(j\omega)$,但这样在实际中是无法实现的,实际中采用的办法是加入保持器,即从采样信号中复现原信号。

工程上常用的保持器为零阶保持器(Zero Order Hold,ZOH),零阶保持器将前一个采样时刻的采样值 $f(kT)$ 保持到下一个采样时刻 $(k+1)T$,零阶保持器可以看成在 $\delta(t)$ 作用下的脉冲响应 $g(t)$,如图 6-3 所示,$g(t)$ 又可以看成是单位阶跃函数 $1(t)$ 与 $1(t-T)$ 的叠加,即:

$$g(t) = f_{h0}(t) = 1(t) - 1(t-T)$$

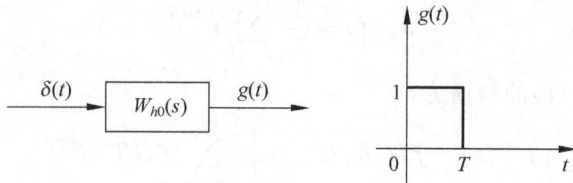

图 6-3 求 $W_{h0}(s)$

对 $f_{h0}(t)$ 拉普拉斯变换,可以得到零阶保持器的传递函数:

$$W_{h0}(s) = \frac{1-e^{-Ts}}{s}$$

绘制零阶保持器的幅频、相频特性如图 6-4 所示,从图中可以看出零阶保持器是一个低通滤波器,频率越高,幅值越小,相位滞后 $0\sim180°$。

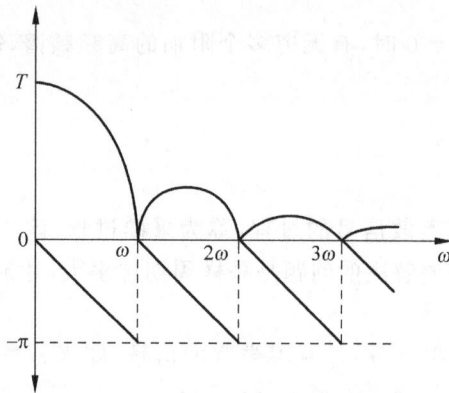

图 6-4 $W_{h0}(j\omega)$ 的幅频、相频特性

6.2 【实验十二】　信号的采样与恢复

6.2.1　实验目的

1. 掌握连续信号的采样和恢复的实验电路。
2. 通过本实验,加深对采样定理的理解。

6.2.2　实验设备

1. ELVIS Ⅱ 实验平台
2. 自动控制原理基础实验板
3. Keysight InfiniiVision 2000X 系列示波器
4. FLUKE 12E 数字万用表

6.2.3　实验原理

1. 信号的采样

采样器的作用是把连续信号变为脉冲或数字序列。图 6-5 给出了一个连续信号 $f(t)$ 经采样器采样后变为离散信号的过程。

图 6-5 中 $f(t)$ 为被采样的连续信号,$\delta_T(t)$ 为周期性窄脉冲信号,$f_s(t)$ 为采样后的离散信号,它用下式来表征:

$$f_s(t) = f(t)\delta_T(t)$$

上式经傅里叶变换后得:

$$f_s(t) = f(t)\delta_T(t) = \frac{1}{T}\sum_{k=-\infty}^{\infty} f(kT)e^{jk\omega_s t}$$

$$F_s(j\omega) = \frac{1}{T}\sum_{k=-\infty}^{\infty} F(j\omega + jk\omega_s)$$

$$= \cdots + \frac{1}{T}F(j\omega - j\omega_s) + \frac{1}{T}F(j\omega) + \frac{1}{T}F(j\omega - j\omega_s) + \cdots$$

式中,$k=0,1,\cdots,\omega_s$ 为采样角频率。

$f(t)$ 和 $f_s(t)$ 的频谱示意图如图 6-6 所示。

由图 6-6 可知,相邻两频谱不相重叠交叉的条件是:

$$\omega_s \geqslant 2\omega_{max} \quad \text{或} \quad f_s \geqslant 2f_B$$

这就是香农采样定理,它表示若采样角频率 ω_s(或采样频率 f_s)能满足上述条件,则采样后的离散信号 $f_s(t)$ 就会有连续信号 $f(t)$ 的全部信息,如果把 $f_s(t)$ 信号

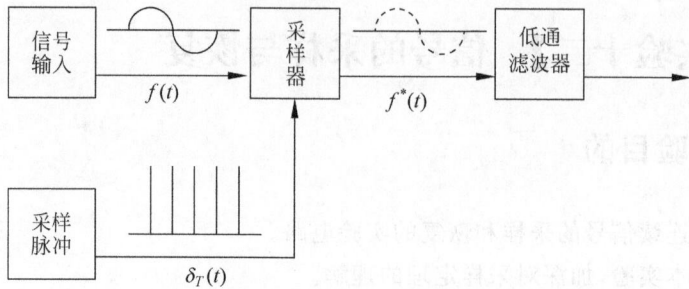

图 6-5　离散信号的产生过程

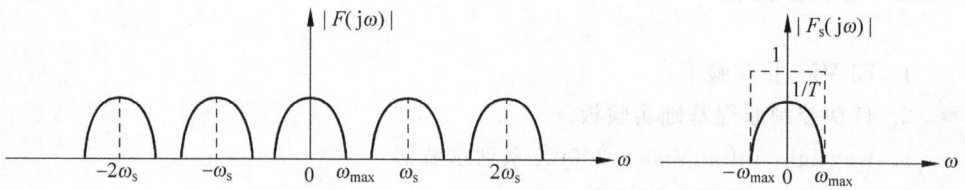

图 6-6　$f(t)$ 和 $f_s(t)$ 的频谱示意图

送至具有图 6-6 所示特性的理想滤波器(图中虚线框)的输入端,则其输出就是原有的连续信号 $f(t)$。

反之,若 $\omega_s < 2\omega_{\max}$,则图 6-6 所示的频谱就会相互重叠交叉,即使采用理想滤波器,也不能获得原有的 $f(t)$ 信号。图 6-7 为信号采样的实验电路图。

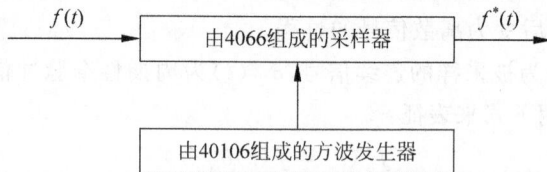

图 6-7　信号采样的实验电路图

2. 信号的恢复

为了实现对被控对象的有效控制,必须把所得的离散信号恢复为相应的连续信号。工程上常用的低通滤波器是零阶保持器,它的传递函数为:

$$W_{h0}(s) = \frac{1 - e^{-Ts}}{s}$$

或近似地表示为:

$$W_{h0}(s) = \frac{T}{1 + Ts}$$

式中,T 为采样周期。零阶保持器可近似地用图 6-8 所示的 RC 网络来实现。

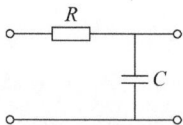

图 6-8　实现零阶保持器的 RC 电路

6.2.4　实验内容

1. 仿真实验

(1) 登录信息学院网络化实验课程平台进入自动控制原理虚拟仿真实验课程，选择采样实验，选择正弦波 AD 选项卡，连续信号 $f(t)$ 取频率为 $400\,\mathrm{Hz}$ 的正弦波，实验选用 $f_s = f_B$，$f_s = 2f_B$，$f_s = 4f_B$ 三种采样频率对连续信号进行采样。观察三种采样频率对连续信号进行采样后的正弦波形 $f_s(t)$ 以及低通滤波器恢复后的信号 $f'(t)$。

(2) 设定二阶系统的参数 $(\xi = 0.707)$，观察系统在不同采样时间时离散模型的表达式，并在频域分析和零极点分析选项卡中观察离散系统的频率特性及零极点分布，分析采样时间与离散系统稳定性的关系。

2. 硬件实验

(1) 连续信号 $f(t)$ 取频率为 $400\,\mathrm{Hz}$ 的正弦波，实验选用 $f_s = f_B$，$f_s = 2f_B$，$f_s = 4f_B$ 三种采样频率对连续信号进行采样。

(2) 用示波器观察三种采样频率对连续信号进行采样后的正弦波形 $f_s(t)$ 以及低通滤波器恢复后的信号 $f'(t)$（要求有原始正弦波 $f(t)$ 对比）。

(3) 对比上述三种采样频率下的恢复信号的失真度。

第二篇　系统实验

第7章

基于NI ELVIS Ⅱ的控制系统设计

7.1 NI ELVIS Ⅱ虚拟教学平台

7.1.1 NI ELVIS Ⅱ的硬件平台

美国国家仪器公司的虚拟仪器套件 NI ELVIS Ⅱ 是模块化工程教学实验平台。可借助该平台通过实践掌握不同的课程概念,包括测量与仪器、模拟与数字电路、控制与机电一体化、电信与嵌入式理论等。

NI ELVIS Ⅱ虚拟仪器实验平台是一套软硬结合的实验平台,中间的面包板可以用来自主设计电路。如图 7-1 所示为 NI ELVIS Ⅱ硬件平台工作站,主要用于搭载各种原型板、实验板的硬件平台,其中各部分组件的描述如表 7-1 所示。

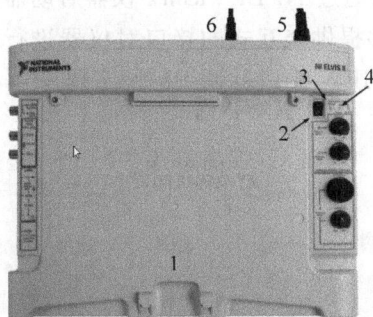

图 7-1　NI ELVIS Ⅱ/Ⅱ＋硬件平台工作站

表 7-1　NI ELVIS Ⅱ/Ⅱ＋组件

编号	组 件 描 述
1	NI ELVIS Ⅱ/Ⅱ＋硬件平台工作站
2	原型板电源开关
3	系统电源指示灯
4	就绪 LED 指示灯
5	NI ELVIS Ⅱ电源线
6	PC 与 NI ELVIS Ⅱ之间的 USB 连接

如图 7-2 所示是 NI ELVIS Ⅱ 上自带的原型面包板,基于这个标准配置中的面包板可搭建各种数字与模拟电路,并用平台中已经集成的仪器及软面板进行测试验证。也可以通过 LabVIEW 编程实现自定义的数据处理、显示、存储等功能,或开发针对专业课程实验的软件程序。

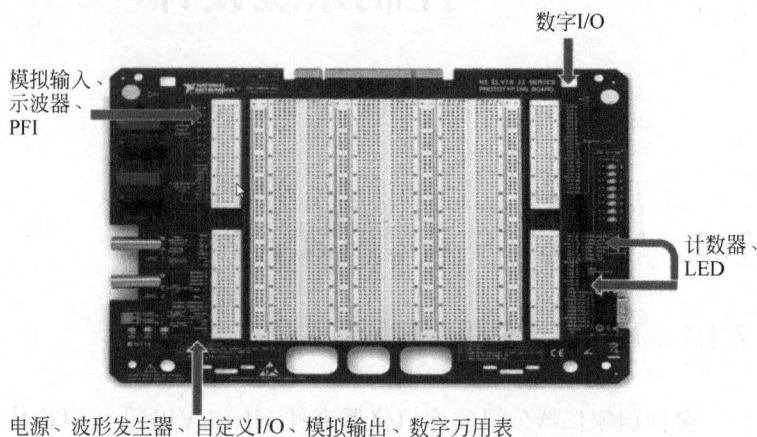

图 7-2　NI ELVIS Ⅱ 上自带的原型面包板

7.1.2　NI ELVIS Ⅱ 的虚拟仪器

安装 NI-ELVIS 驱动程序,在计算机中打开 NI ELVISmx instrument lancher,如图 7-3 所示,就可以通过 NI-ELVISmx 仪器启动器访问 12 种虚拟仪器,这些虚拟仪器带有软面板,能够提供交互式的接口对仪器进行配置。NI ELVIS 虚拟仪器是开源的,可以在 LabVIEW 中进行调用编写定制。

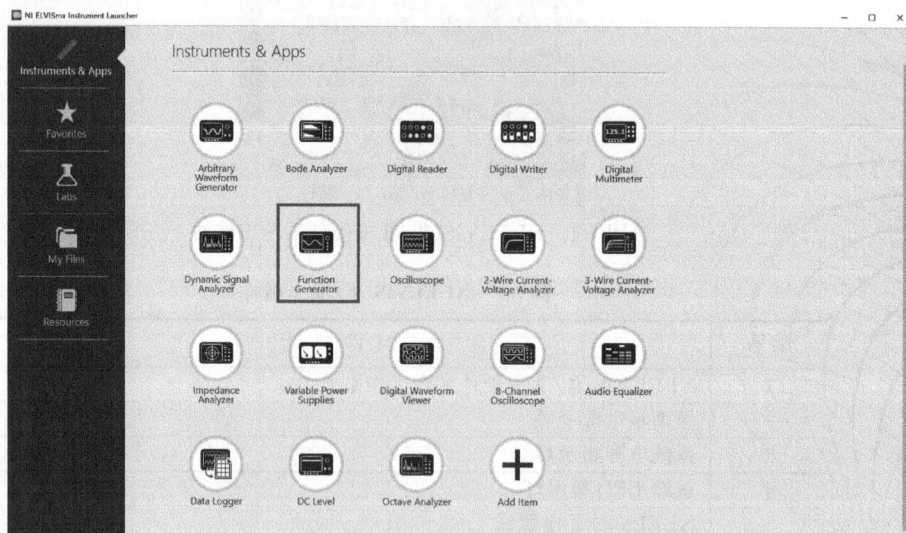

图 7-3　NI ELVISmx instrument lancher 窗口

　　本节以信号发生器为例介绍虚拟仪器的使用,单击 Function Generator,弹出如图 7-4 所示的窗口,信号发生器可产生正弦波、三角波、方波,可以在窗口调节波形的频率、幅值、偏置和方波的占空比,产生的波形输出信号可以发送到 ELVIS Ⅱ 的 FGEN 端口或 FGEN BNC 端口。

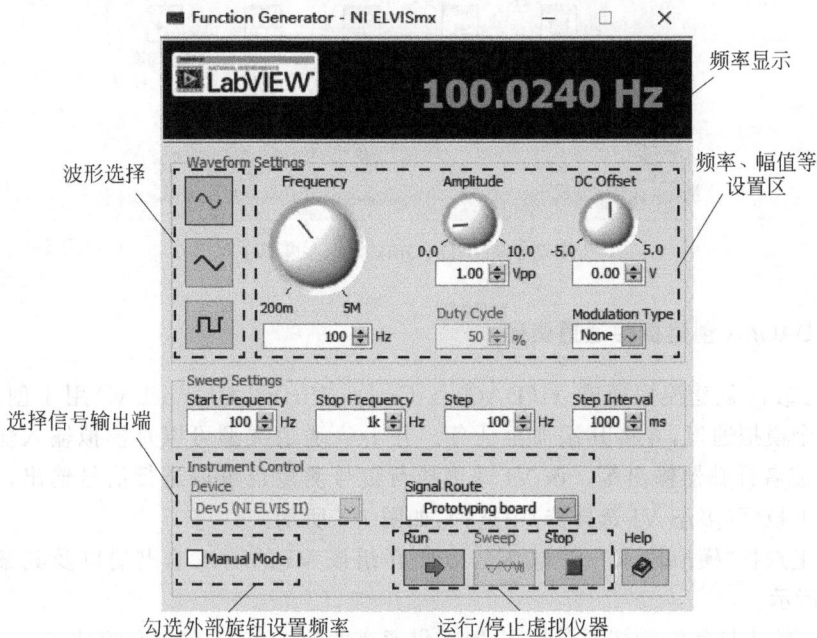

图 7-4　信号发生器设置窗口

7.2　基于 NI ELVIS Ⅱ 的数据采集

　　数据采集是计算机与外部物理世界连接的桥梁。数据采集(Data Acquisition, DAQ)是指从传感器和其他待测设备等模拟或数字被测单元自动采集信息的过程。数据采集是 LabVIEW 的核心技术之一,基于 LabVIEW 的数据采集系统一般由数据采集硬件、驱动软件和数据采集函数节点组成。驱动软件 LabVIEW DAQmx 提供应用接口(Application Programming Interface,API),即数据采集节点,调用这些节点编写数据采集程序。LabVIEW 数据采集系统的基本功能包括模拟信号输入(Analog Input)、模拟信号输出(Analog Output)、数字 I/O(Digital I/O)以及定时器/计数器(Timer/counter)等功能。本节将结合实验内容重点讲解模拟信号输入(Analog Input)和模拟信号输出(Analog Output)。

7.2.1　常用 DAQmx API 函数

　　DAQmx 数据采集 VI 位于"函数"→"测量 I/O"→"DAQmx 数据采集"子选板

中,如图 7-5 所示。

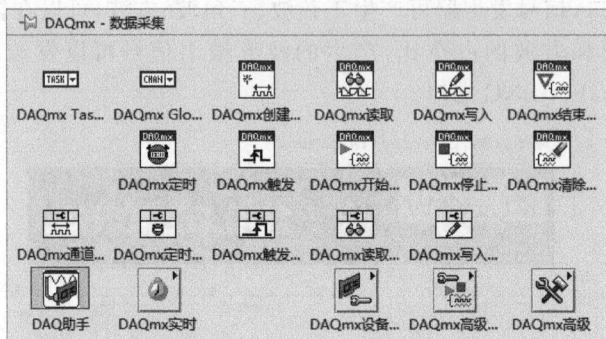

图 7-5   NI-DAQmx 数据采集 VI

1. DAQmx 创建模拟通道函数

DAQmx 创建模拟通道. vi(DAQmx Create Virtual Channel. vi)用于创建一个或者多个模拟通道,并将其添加至任务。其 I/O 通道类型可以是模拟输入输出,数字 I/O 或者计数器输出等。该 VI 即可执行信号测量也可以进行信号输出,可以在图片的下拉框(多态 VI 选择器)中选择,如图 7-6 所示。

这里选择"模拟输入"→"电压",以此介绍该 VI 的输入输出端口及其参数,如图 7-7 所示。

(1) 输入接线端配置 `I32`:设置采集通道的输入形式,如差分模式等。

(2) 最小值 `DBL`:根据"单位"端口指定的单位来设置采集信号范围的最小值。

(3) 最大值 `DBL`:根据"单位"端口指定的单位来设置采集信号范围的最大值。

(4) 任务输入 `I/O`:指定需要添加虚拟通道的任务。如没有指定任务,将创建一个新任务并将虚拟通道添加其中。

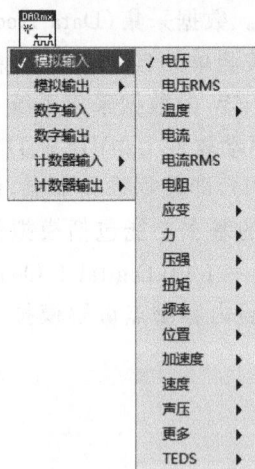

图 7-6   多态 VI 选择器中选择具体实例

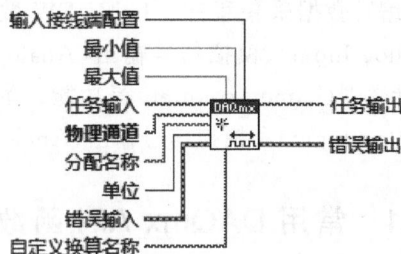

图 7-7   DAQmx 创建模拟通道. vi

（5）物理通道 I/O ：指定用于创建虚拟通道的物理通道。

（6）分配名称 abc ：为创建的虚拟通道指定名称。

（7）单位 I32 ：为通道返回的测量数据指定单位。

（8）错误输入 ：错误输入端口。

（9）自定义换算名称 I/O ：自定义通道返回数据的单位，若要使用该端口，则"单位"端口必须设为"来自自定义换算"。

（10）任务输出 I/O ：VI 执行结束后，对任务的引用。

（11）错误输出 ：错误输出端口。

2. DAQmx 定时函数

DAQmx 定时.vi(DAQmx Timing.vi)用于配置要获取或生成的采样数，并创建所需的缓存区。这里以采样时钟为例介绍其端口及参数，如图 7-8 所示。

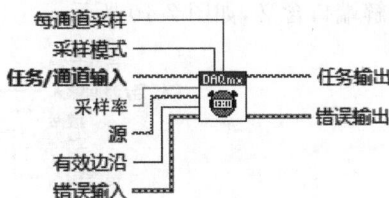

图 7-8　DAQmx 定时.vi

（1）每通道采样 I32 ：若采样模式为有限点采样，指定每通道的采集样本数，当采样模式为连续采样时，DAQmx 将使用该值确定缓冲区大小。

（2）采样模式 I32 ：指定采样模式是连续采样还是有限采样。

（3）任务/通道输入 I/O ：操作要使用的任务的名称或者虚拟通道列表。

（4）采样率 DBL ：以每通道每秒采样为单位，默认值为 1000Hz。

（5）源 I/O ：指定采样时钟的源接线端。

（6）有效边沿 I32 ：指定采样动作发生在采样时钟脉冲的上升沿还是下降沿。

3. DAQmx 读取函数

DAQmx 读取.vi(DAQmx Read.vi)用于读取指定的任务或虚拟通道中的采样，可以返回 DBL 或波形格式的数据。在应用中可以根据实际测量情况，在多态 VI 选择器中选择恰当的实例。通过实例名称很容易判断返回数据形式，这里以"模拟 1D DBL 1 通道 N 采样"为例，其中第一项表示任务操作类型，这里表示模拟操作；第二项表示返回数据结构时是单个还是数组，1D 表示一维数组；第三项表示数据类型，这里 DBL 表示双精度浮点数；第四项表示从单个还是指定数目的通道读取数据样本。"模拟 1D DBL 1 通道 N 采样"实例的图片与端口如图 7-9 所示。

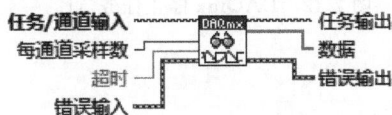

图 7-9　DAQmx 读取.vi

（1）每通道采样 I32 ：指定读取的数据样本数。若该端口未赋值或设置为 −1，则 NI-DAQmx 将根据该任务是连续采集还是有限采集确定每次读取的样本数。当连续采集时，该 VI 会读取当前缓存所有可读的样本;当有限采集时,该 VI 会等待任务获取所有被请求的样本,然后将这些样本从缓存中全部读出。

(2)超时 [DBL]:指定等待可用采样的时间,单位为秒。如超时,VI 将返回错误和超时前读取的所有采样。默认的超时时间为 10s。如将超时值设为 −1,VI 将无限等待。超时的值为 0 时,VI 将尝试读取所需采样一次,并在无法读取时返回错误。

(3)数据 [DBL]:返回由采样组成的一维数组。数组中的每个元素都对应于通道中的一个采样。

4. DAQmx 写入函数

DAQmx 写入. vi(DAQmx Write. vi)用于向指定的任务或虚拟通道中写入数据样本,也就是将数据写入输出缓存之中,它的各个实例指定了写入数据的格式,每次写入单个还是多个样本,单个还是多个通道,以"模拟波形 1 通道 N 采样"实例为例讲解端口含义,如图 7-10 所示。

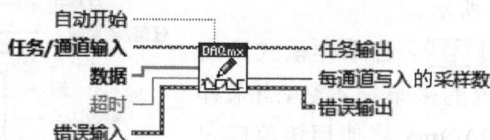

图 7-10　DAQmx 写入. vi

(1)自动开始 [TF]:若没有使用 DAQmx 开始任务. vi 启动任务,则可以指定运行该 VI 是否自动启动任务。

(2)数据 [DBL]:写入任务中的一维采样数组。

(3)每通道写入的采样数 [U32]:成功写入通道的实际样本数。

5. DAQmx 开始任务函数

DAQmx 开始任务. vi(DAQmx Start Task. vi)使任务处于运行状态,开始测量或生成,其图标如图 7-11 所示。在"读取"和"写入"VI 执行多次的时候,例如循环中,使用 DAQmx 开始任务. vi 可以提高执行性能。

6. DAQmx 停止任务函数

DAQmx 开始任务. vi(DAQmx Stop Task. vi)作用为停止任务,其图标如图 7-12 所示。

图 7-11　DAQmx 开始任务. vi

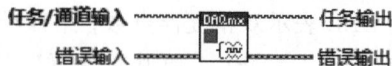

图 7-12　DAQmx 停止任务. vi

7. DAQmx 清除任务函数

DAQmx 清除任务. vi((DAQmx Clear Task. vi)用于清除任务,如果任务正在运

行,则先中止任务然后释放它所有资源,其图标和
端口如图 7-13 所示。对于连续的操作,必须要使
用 DAQmx 清除任务.vi 来结束真实的采集或生
成。如果在循环里使用 DAQmx 创建任务.vi 或

图 7-13　DAQmx 清除任务.vi

DAQmx 模拟通道.vi,那么在循环中也应该使用 DAQmx 清除任务.vi 来清除它们
创建的任务,以免重复创建分配不必要的内存。

7.2.2　模拟信号的输入

采集模拟信号是虚拟测试系统最普遍和典型的任务。按采集模式分为有限采
集和连续采集。按使用通道多少可分为单通道采集和多通道采集。本节将以连续
采集为例讲解模型信号的输入。

要实现一个连续波形采集,只需将读取数据和必要的数据处理放入循环中即
可。注意不能将整个采集程序放入循环,否则每执行一次数据采集操作,都会包含
设置、启动、清除等操作,而在相邻的两次采集之间存在这些操作,采集就很难保证
连续进行。

图 7-14 是一个单通道连续采集的示例。程序中将"DAQmx 读取"函数及波形
图显示置于一个 while 循环中,同时将"DAQmx 定时"函数的采样模式设置为"连续
采样",从而实现连续波形的采集。其中,while 循环的作用是保证任务不结束,这样
硬件就会一直输出数据。

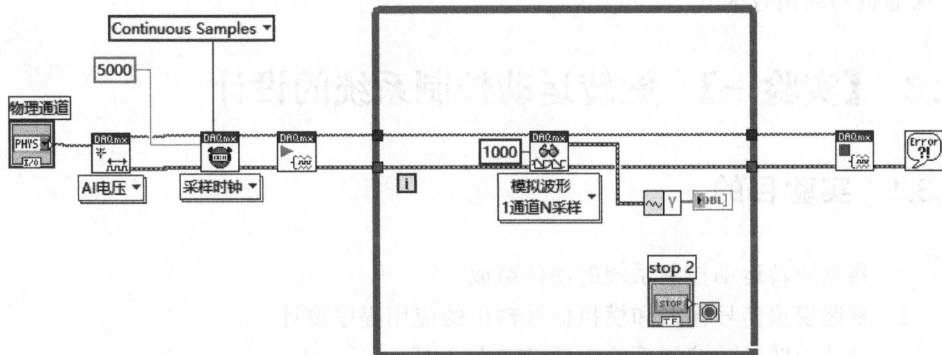

图 7-14　单通道连续采集的示例

对于连续采集,必须注意缓存问题。"DAQmx 定时"函数的"每通道采样"连线
端表示缓存大小,如果"DAQmx 读取"函数从缓存中读取数据的速度小于设备向缓
存存放数据的速度,则会出现在向缓存区写入数据时,覆盖掉还没有被读取的数据
而产生数据丢失,使数据不连续。通过设置合适的"每通道采样数"的值可以避免错
误发生,通常每通道采样率设为采样率的 $1/10 \sim 1/5$ 较为合适。

7.2.3 模拟信号的输出

在实际应用中,需要用数据采集设备输出模拟信号。信号包括有限点信号和连续信号。模拟信号输出与模拟信号输入所使用函数大部分是相同的,最大的区别在于模拟信号输出采用"DAQmx 写入"函数。这里以模拟输出连续信号为例讲解,如图 7-15 所示。

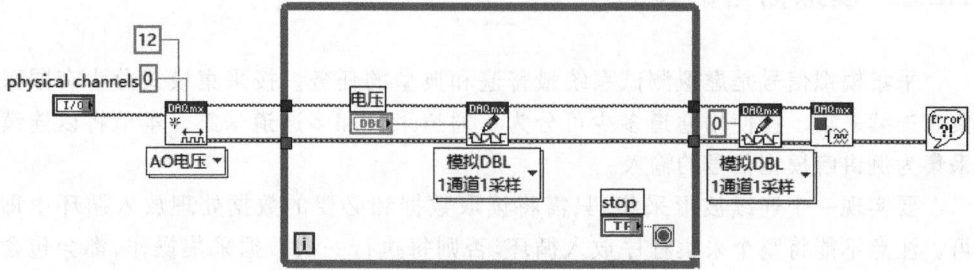

图 7-15   模拟输出连续信号示例

需要注意的是,模拟输出时,产生信号的是硬件,即使停止而且清除了任务,采集卡输出端口也将维持在任务结束时最后一个数据样本的状态,直到新任务开始或设备断电,如果采集卡在不需要输出信号时长期保持非零电平状态,则容易造成损坏,因此在模拟输出任务完成,不需要输出信号后,需要运行一段单点输出代码,将前面通道的输出置为 0。

7.3 【实验一】 旋转运动控制系统的设计

7.3.1 实验目的

1. 熟悉旋转运动控制系统的硬件组成。
2. 掌握模拟信号输入和模拟信号输出的应用程序设计。
3. 设计旋转运动控制系统中的 PID 控制器。
4. 完成控制器的参数整定。

7.3.2 实验设备

1. ELVIS Ⅱ 实验平台
2. 光电传感器
3. 直流电动机

4. 电阻若干

5. 万用表

7.3.3　实验原理

直流电动机旋转运动控制系统如图 7-16 所示,通过调节直流电动机的输入电压大小控制电动机转速,利用光电管将电动机实际转速转换为一定周期的光电脉冲信号进行采集。比较电动机的设定转速和实际转速,将速度差值信号送入 PID 控制器,由 PID 控制器输出控制电压,控制直流电动机速度,实现旋转运动控制系统的设计。

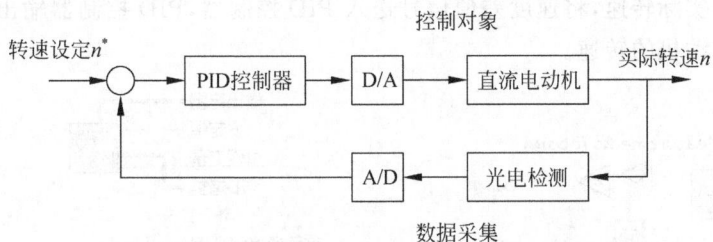

图 7-16　直流电动机旋转运动控制系统结构图

1. 旋转运动控制系统的硬件设计

旋转运动控制系统由一个受可变电源控制的直流电动机和一个配置成转速计的开关传感器组成,如图 7-17 所示。完成转速计的配置,需要在电动机的转轴上附加一个直径为 2cm 的圆盘,在圆盘的圆周上裁出一个小槽,宽度和深度均约为 0.25cm,在圆心位置打一个小孔,将圆盘固定在电动机转轴的尾部,安放好电动机,确保小槽与红外接收光束垂直。这样电动机每旋转一周将生成一个脉冲信号,采用 NI ELVIS Ⅱ VPS 来控制电动机的转速。

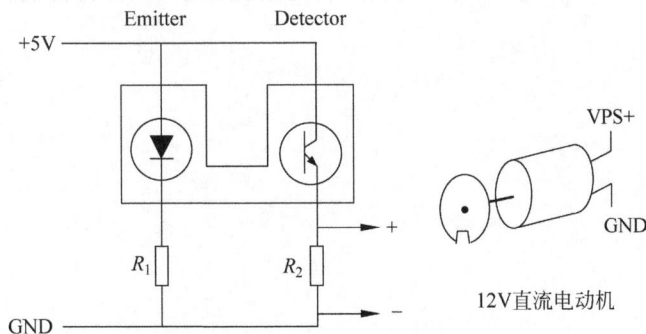

图 7-17　旋转控制系统硬件电路图

2. 旋转运动控制系统的软件设计

（1）转速测量

光电管将电动机实际转速转换为一定周期的光电脉冲信号进行采集，在 LabVIEW 中在菜单函数→波形→模拟波形→波形测量下，有多个适用于测量连续波形时间周期的 VI。可以使用 Pulse Measurements.vi 测量波形的周期、脉冲持续时间和占空比。将周期转换为频率，再乘以 60 获得 rpm（转/分钟）数字，将周期转换成电动机每分钟的旋转速度，如图 7-18 所示。

（2）控制器设计

使用 LabVIEW PID 控制工具包，其图标和端口如图 7-19 所示。比较电动机的设定转速和实际转速，将速度差值信号送入 PID 控制器，PID 控制器输出控制电压，控制直流电动机的转速。

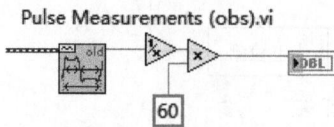

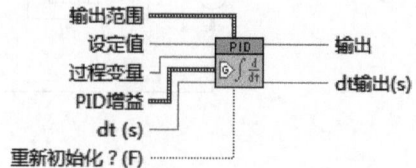

图 7-18　转速测量　　　　　　　　图 7-19　PID 控制

7.3.4　实验内容

1. 根据图 7-17，在实验板上搭建硬件电路。

2. 通过 NI ELVIS Ⅱ可变电源 VPS 驱动 12V 直流电动机旋转，改变 VPS 电压来改变电动机转速，应用 LabVIEW 软件编写程序，测试电压与电动机转速数据，通过系统辨识工具包对电动机进行建模。

3. 应用 LabVIEW 软件设计实现旋转运动控制系统，优化控制器参数，使其达到理想效果。

第 8 章

单自由度垂直起降飞行器控制系统的设计

8.1 QNET 2.0 VTOL 实验板简介

8.1.1 QNET 2.0 VTOL 实验板介绍

QNET 2.0 VTOL 实验板是一款结合 NI ELVIS Ⅱ 进行飞行控制教学的实验平台。VTOL 垂直起降系统采用可变 PC 风扇来产生单自由度 (1-DOF) 装置所需的上升力。风扇的飞行距离通过霍尔效应传感器来测量。系统可用于基础飞行动力学、运动控制和比例积分微分 (PID) 控制等的基础概念教学中。可以直接研究飞行器控制系统悬停、垂直起飞和降落,从而了解与直升机或鹞式喷气机相似的应用。

QNET VTOL 为放大器指令和编码器端口提供集成放大器和与 NI ELVIS Ⅱ 的通信接口。图 8-1 显示了 QNET VTOL 上不同系统组件之间的交互作用。NI ELVIS Ⅱ 通过 QNET VTOL 接口中的 USB 与 PC 进行连接,可以读取角编码器输入,并驱动直流电动机的功率放大器。

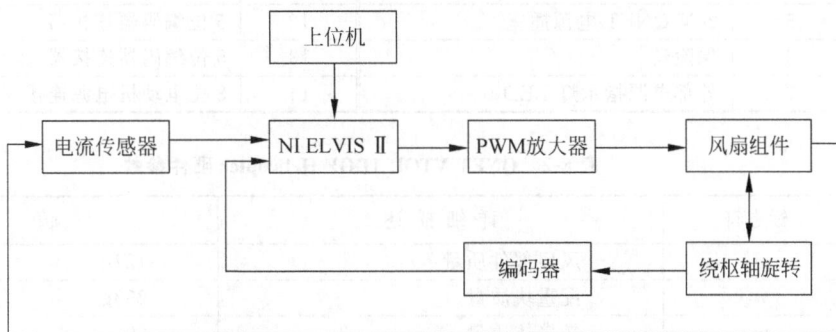

图 8-1 QNET VTOL 组件间的交互框图

组成单自由度垂直飞行器的主要硬件如图 8-2 和图 8-3 所示,各组件名称如表 8-1 所示。VTOL 硬件参数如表 8-2 所示。

图 8-2 QNET VTOL 1DOF Helicopter 实验板主视图

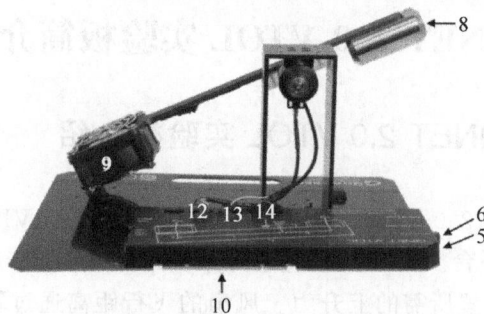

图 8-3 QNET VTOL 1DOF Helicopter 实验板后视图

表 8-1 QNET VTOL 1DOF Helicopter 各组件名称

序号	名　称	序号	名　称
1	高分辨率编码器	8	配重块
2	垂直起降枢轴	9	高气流直流风扇
3	+5V、-15V、+15V、LED 灯	10	PCI 连接器
4	用户和状态 LED 灯	11	VTOL 固定螺丝
5	24V QNET 电源插座	12	5 位编码器连接器
6	保险丝	13	5 位编码器连接器
7	外部电源指示灯 LED	14	8 位电动机电源连接器

表 8-2 QNET VTOL 1DOF Helicopter 硬件参数

标志符	详 细 描 述	值
m_1	风扇部件质量	127g
m_2	配重块质量	258g
m_3	链接体质量	60g
l_1	从枢轴到风扇中心的长度	155mm
l_2	从枢轴到配重中心的长度	72.5mm
l_3	从枢轴到连接体中心的长度	7mm
B	估计枢轴的黏性阻尼	0.006N·m/(rad/s)

8.1.2　QNET 2.0 VTOL 实验板常见问题

1. 常见软件问题

（1）打开 QNET VTOL. vi 时，弹出的对话框显示缺少控制与仿真模块的子 VI。

答：未安装 LabVIEW^{TM} 控制与仿真模块的工具包。

（2）打开 QNET VTOL. vi 时，会显示一条消息，提示找不到名称中带有"ELVIS"的 vi。

答：未安装 QNET VTOL. vi 使用的 ELVISmx 驱动程序。在尝试打开任何 QNET VTOL vi 之前，请确保安装 NI ELVIS Ⅱ（＋）控制组件。

2. 常见硬软件问题

（1）QNET VTOL 板的上电顺序。

答：① 打开位于 NI ELVIS Ⅱ 白板背面的系统电源开关。

② 打开位于 NI ELVIS Ⅱ 的右上角的原型板电源开关。

③ 接通 QNET VTOL 板电源。

（2）QNET VTOL 板的断电顺序。

答：① 断开 QNET VTOL 板电源。

② 断开位于 NI ELVIS Ⅱ 的右上角的原型板电源开关。

③ 断开位于 NI ELVIS Ⅱ 白板背面的系统电源开关。

（3）QNET VTOL 板上的所有 LED 均未点亮。

答：确保位于 NI ELVIS Ⅱ 白板背面的系统电源开关和位于 NI ELVIS Ⅱ 的右上角的原型板电源开关处于打开状态。

（4）QNET VTOL 板上，＋15V、－15V 和＋5V LED 为亮绿色，但外部电源 LED 未点亮。

答：确保 QNET VTOL 板上的 QNET VTOL 电源连接器与电源线连接正常。如果 LED 仍未点亮，请检查电源连接器旁边的 QNET VTOL 的保险丝。如果已烧毁，请更换相同的保险丝（瑞士 SCHURTER 0034. 3121，5mm×20mm，2. 5A，250VAC，延时保险丝），逆时针推动并转动保险丝座，更换保险丝。

（5）QNET VTOL 板上至少有一个＋15V、－15V、＋5V 和外部电源 LED 未点亮。

答：如果仅外部电源 LED 未点亮，请参阅上面的问题（4）。如果有一个或多个＋15V、－15V 和＋5V LED 不亮，则 NI ELVIS Ⅱ 保护板上的±15V 或＋5V 保险丝已被烧坏。同样，如果在连接 QNET VTOL 电源后，外部电源 LED 仍然未点亮，则 NI ELVIS Ⅱ 保护板上的可变电源保险丝已被烧毁。请参阅 NI ELVIS Ⅱ 用户手册中的保护板保险丝规则。

（6）白板右上角的就绪 LED 指示灯未点亮。

答：① 完成 QNET VTOL 设置指南中 ELVIS 的设置步骤。

② 完成后，启动 Measurement&Automation Explorer 软件。

③ 如图 8-4 所示，展开 Devices and Interfaces 和 NI-DAQmx Devices 项目，然后选择 NI ELVIS Ⅱ 设备。

④ 如图 8-4 所示，单击 Reset Device 按钮。

⑤ 成功重置后，单击"自检"按钮。

⑥ 如果测试通过，则重置 ELVIS（即关闭 Prototyping Board 开关和 System Power 开关并再次打开它们）后白板设备上的就绪 LED 指示灯被点亮。

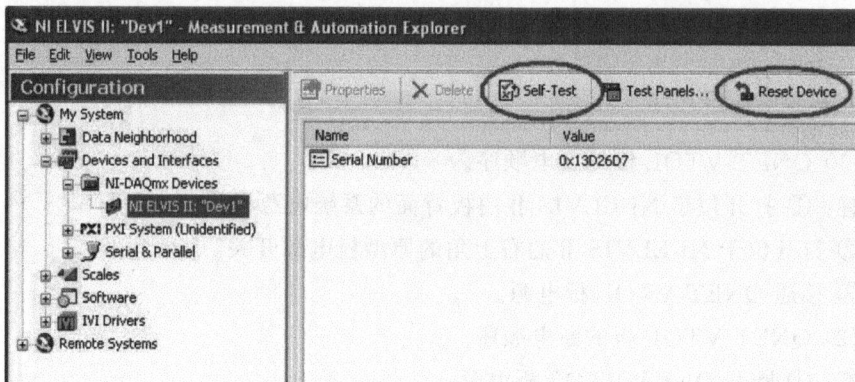

图 8-4　在 ELVIS 上重新设置和执行自检

8.2 【实验二】　单自由度垂直起降飞行器控制系统的设计

8.2.1　实验目的

1. 单自由度垂直起降飞行器系统的数学建模
2. 单自由度垂直起降飞行器系统辨识及模型校正
3. 单自由度垂直起降飞行器控制系统的时域分析
4. 单自由度垂直起降飞行器双闭环控制系统设计
5. 单自由度垂直起降飞行器控制系统的稳定性分析

8.2.2　实验设备

1. ELVIS Ⅱ 实验平台
2. QNET 2.0 VTOL 实验板
3. 计算机

4. 信息学院网络化实验课程平台

8.2.3　实验原理

喷气式战斗机从一个地点飞往另一个地点需要机场和跑道的支持,因此很容易受到限制。20 世纪 50 年代,可以垂直起降的飞机被看作解决这个问题的方法,因为垂直起降飞机可以悬停、垂直起飞和垂直着陆。它基本上可以在任何地方飞行,且不需要跑道。这种类型的飞机包括固定翼飞机、直升机和其他具有动力螺旋桨的飞机。

设计垂直起降飞机最大的挑战是要找到并维持一个适当的推力重量比,当飞机起飞的时候,推力矢量需要向下将飞机推离地面,而在正常飞行的时候这个推力矢量需要向后。只有当推力重量比大于 1 的时候,飞机才会上升。要使飞机下降,推力重量比必须比 1 小。必须控制飞机的推力来维持它的位置并保证它安全地起飞和着陆。

1. 单自由度垂直起降飞行器控制系统的问题描述

单自由度垂直飞行器结构图如图 8-5 所示。当系统处于平衡状态时,可以推导出枢轴点处的运动方程,得到作用在此刚体上的扭矩方程为:

$$\tau_t + m_2 g l_2 \cos\theta(t) - m_1 g l_1 \cos\theta(t) - m_3 g l_3 \cos\theta(t) = 0 \tag{8-1}$$

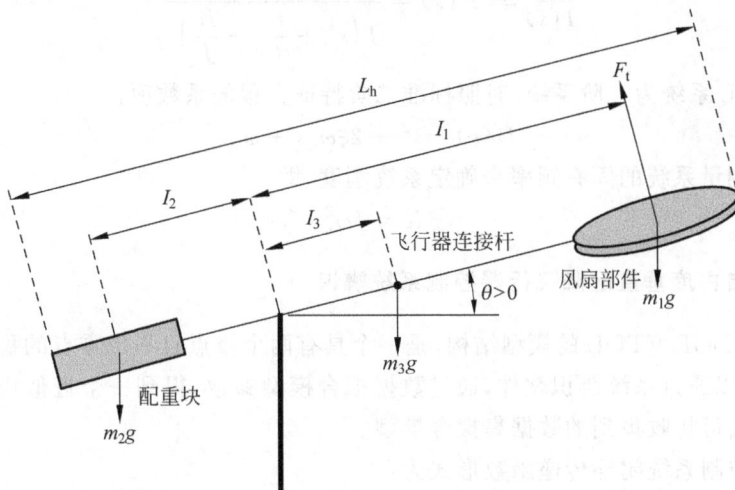

图 8-5　单自由度垂直飞行器结构图

电动机推动螺旋桨产生垂直作用于风扇组件的推力 F_t。推力扭矩由下式给出:

$$\tau_t = F_t l_1 \tag{8-2}$$

如图 8-5 所示,l_1 是螺旋桨枢轴和整体中心之间的长度。根据电动机电流得到推力扭矩方程:

$$\tau_t = K_t I_m \tag{8-3}$$

式中，K_t 是推力电流-扭矩常数。因此扭矩方程变为：

$$K_t I_m + m_2 g l_2 \cos\theta(t) - m_1 g l_1 \cos\theta(t) - m_3 g l_3 \cos\theta(t) = 0 \tag{8-4}$$

电动机推动螺旋桨产生的推力扭矩与配重块的重力作用在相同方向，且与直升机机体与螺旋桨组件上的重力扭矩方向相反。

调节推力扭矩的作用，并将 QNET VTOL 机体平行于水平面的状态称为平衡状态。当 VTOL 系统达到平衡条件且与地面平行时（$\theta \equiv 0 \Rightarrow \cos\theta \equiv 0$），作用在刚体系统上的扭矩方程为：

$$K_t I_{eq} + m_2 g l_2 - m_1 g l_1 - m_3 g l_3 = 0 \tag{8-5}$$

式中，I_{eq} 表示维持 VTOL 系统处于水平平衡位置时所需的电流。

VTOL 系统在推力扭矩 τ_t 作用下，俯仰角 θ 的动态运动方程表示为：

$$J\ddot{\theta} + B\dot{\theta} + K\theta = \tau_t = K_t I_m \tag{8-6}$$

式中，J 作用于俯仰轴的转动惯量，B 是黏性阻尼，K 是刚度系数。与在连续体上积分求转动惯量不同，由于 VTOL 系统是具有 n 点质量重心的组合体，转动惯量 J 由以下公式求取：

$$J = \sum_{i=1}^{n} m_i r_i^2 \tag{8-7}$$

经过拉普拉斯变换，得到俯仰角 θ 对输入电流 I 的动态传递函数：

$$\frac{\theta(s)}{I(s)} \equiv P(s) = \frac{K_t}{J\left(s^2 + \dfrac{B}{J}s + \dfrac{K}{J}\right)} \tag{8-8}$$

因此 VTOL 系统为二阶系统，对照标准二阶特征方程的系数项：

$$D(s) = s^2 + 2\xi\omega_n s + \omega_n^2 \tag{8-9}$$

可以通过测量系统的固有频率来确定系统刚度，即

$$K = J\omega_n^2 \tag{8-10}$$

2. 单自由度垂直起降飞行器控制系统辨识

已知 1DOF VTOL 的模型结构，是一个具有两个极点且不带零点的稳定传递函数，因此可以通过系统辨识软件，通过数据拟合模型参数，得到一个近似模型。使用最小二乘法可将收集到的数据集拟合模型。

考虑控制系统闭环传递函数形式为：

$$G(z) = \frac{b_0 + b_1 z + b_2 z^2}{a_0 + a_1 z + a_2 z^2 + z^3} \tag{8-11}$$

可以写出等价方程：

$$G(z) = \frac{b_0 z^{-3} + b_1 z^{-2} + b_2 z^{-1}}{a_0 z^{-3} + a_1 z^{-2} + a_2 z^{-1} + 1} \tag{8-12}$$

由于 z^{-1} 相当于一个单位的时间延迟，则传递函数可以写成差分方程的形式：

$$y(k) = -a_2 y(k-1) - a_1 y(k-2) - a_0 y(k-3) +$$
$$b_2 u(k-1) + b_1 u(k-2) + b_0 u(k-3) \tag{8-13}$$

式中，$y(k)$ 是 k 时刻输出的测量值。

假定记录了系统 n 个时刻的测量值，然后使用得到的差分方程：

$$\begin{cases} y(k) = -a_2 y(k-1) - a_1 y(k-2) - a_0 y(k-3) + b_2 u(k-1) + \\ \quad\quad b_1 u(k-2) + b_0 u(k-3) \\ y(k+1) = -a_2 y(k) - a_1 y(k-1) - a_0 y(k-2) + b_2 u(k) + \\ \quad\quad b_1 u(k-1) + b_0 u(k-2) \\ \quad\quad\quad\quad \vdots \\ y(N) = -a_2 y(N-1) - a_1 y(N-2) - a_0 y(N-3) + \\ \quad\quad b_2 u(N-1) + b_1 u(N-2) + b_0 u(N-3) \end{cases} \tag{8-14}$$

这个方程组可以写成矩阵形式：

$$\boldsymbol{Y} = \boldsymbol{Z}\boldsymbol{\alpha} \tag{8-15}$$

其中，

$$\boldsymbol{Y} = \begin{bmatrix} y(k) \\ y(k+1) \\ \vdots \\ y(N) \end{bmatrix}, \quad \boldsymbol{\alpha} = \begin{bmatrix} a_2 \\ a_1 \\ a_0 \\ b_2 \\ b_1 \\ b_0 \end{bmatrix}$$

$$\boldsymbol{Z} = \begin{bmatrix} -y(k-1) & -y(k-2) & -y(k-3) & u(k-1) & u(k-2) & u(k-3) \\ -y(k) & -y(k-1) & -y(k-2) & u(k) & u(k-1) & u(k-2) \\ \vdots & \vdots & \vdots & \vdots & \vdots & \vdots \\ -y(N-1) & -y(N-2) & -y(N-3) & u(N-1) & u(N-2) & u(N-3) \end{bmatrix}$$

这是一个超定方程组，即方程个数多于未知数，为了求解，可以将这个问题表述为范数最小化：

$$\min_{\alpha} \| \boldsymbol{Z}\boldsymbol{\alpha} - \boldsymbol{Y} \|_2^2 \tag{8-16}$$

式(8-16)是式(8-15)的最优解，因此式(8-16)可以写成平方和的形式，即最小二乘最优化，其解可以用如下形式表示：

$$\hat{\boldsymbol{\alpha}} = (\boldsymbol{Z}^{\mathrm{T}}\boldsymbol{Z})^{-1}\boldsymbol{Z}^{\mathrm{T}}\boldsymbol{Y} \tag{8-17}$$

3. 控制器的设计

VTOL 双闭环控制系统如图 8-6 所示，为了降低实验问题的复杂度，将 VTOL 动态系统分为两个子系统：一个是电动机的电压-电流动态系统，即电动机电流 I_m 对输入电压 V_m 的响应；另一个是 VTOL 主体的电流-位置动态系统，即 VTOL 起

落角 θ 对电动机电流 I_m 的响应。

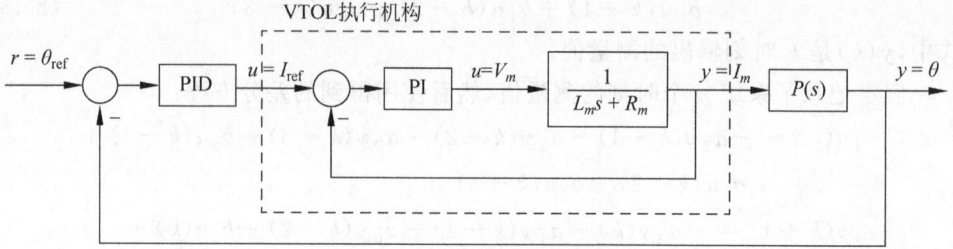

图 8-6　VTOL 双闭环控制系统

在图 8-6 中,输入的是俯仰角参考输入 θ_{ref},输出的是俯仰角输出响应信号 θ。其中,内环的 PI 电流控制器用于根据参考电流来调节电动机的电流,该电流参考值由外环控制器产生。PID 控制器用于根据输入的参考角 θ_r 调节垂直起落角 θ。

(1) 内环 PI 控制

这里说明一下为什么需要设计电流内环。事实上,控制的目的是控制 VTOL 的俯仰角 θ,需要通过调整电动机转速来实现,当执行机构的动态特性较慢,如电动机电感较大时,为了得到更好的调速特性,就需要通过设计电流内环的 PI 控制器来调节负载中的电流,使电动机的输出转矩与负载相匹配。

在这种情况下,VTOL 电动机在时域中的电压-电流关系可以用如下方程描述:

$$v_m = R_m i_m + L_m \frac{\mathrm{d}i_m}{\mathrm{d}t} \tag{8-18}$$

经过拉普拉斯变换得到传递函数:

$$I_m(s) = \frac{V_m(s)}{R_m + L_m s} \tag{8-19}$$

式(8-19)中, R_m 是电动机电阻; L_m 是电动机电感,描述输入 V_m 和输出 I_m 之间关系的传递函数是:

$$\frac{I_m(s)}{V_m(s)} = G_m(s) = \frac{1}{R_m + L_m s} \tag{8-20}$$

图 8-7 为 VTOL 电流控制系统。PI 控制器输出为达到理想的电流值所需的电压值。在图 8-7 中,输入表示的是电流值参考输入信号 I_{ref},输出表示的是电流值输出响应信号 I_m。

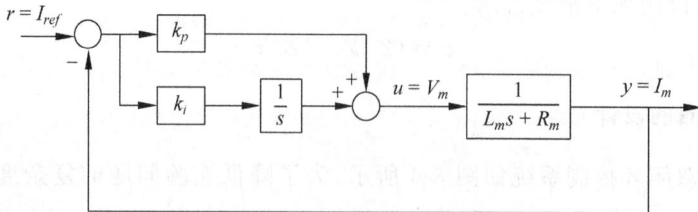

图 8-7　VTOL PI 电流控制系统

使用 PI 控制器:

$$v_m(t) = k_p(i_{ref}(t) - i_m(t)) + k_i \int i_{ref}(t) - i_m(t) \mathrm{d}t \tag{8-21}$$

获得如下传递函数:

$$G_{I_{ref}, I_m}(s) = \frac{k_p s + k_i}{s^2 L_m + (k_p + R_m)s + k_i} \tag{8-22}$$

匹配二阶标准特征方程:

$$D(s) = s^2 + 2\xi \omega_n s + \omega_n^2 \tag{8-23}$$

得到比例增益

$$k_p = -R_m + 2\xi \omega_n L_m \tag{8-24}$$

积分增益

$$k_i = L_m \omega_n^2 \tag{8-25}$$

(2) 外环 PID 控制

外环 PID 闭环控制结构图如图 8-8 所示,这里使用 PID 控制器设计,推导闭环特征方程。

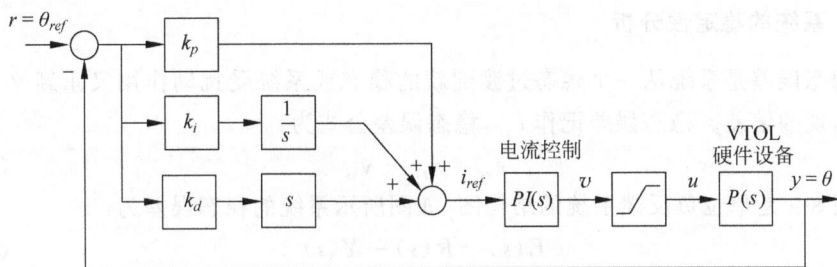

图 8-8 VTOL PID 闭环控制结构图

在图 8-8 中,输入是俯仰角参考输入 θ_r,输出是俯仰角输出响应信号 θ。

由式(8-8)已知 VTOL 的传递函数 $P(s)$。设计 PID 控制器,其时域下的输入输出关系表达式为:

$$u = k_p(\theta_d - \theta) + k_i(\theta_d - \theta)\mathrm{d}t + k_d \dot{\theta} \tag{8-26}$$

则位置式 PID 表达式为:

$$u(t) = k_p e(t) + k_i \int_0^t e(t)\mathrm{d}t + k_d \frac{\mathrm{d}e(t)}{\mathrm{d}t} \tag{8-27}$$

经过拉普拉斯变换得到:

$$u(s) = k_p + \frac{k_i}{s} + k_d s \tag{8-28}$$

式(8-28)中,k_p 是比例增益;k_i 是积分增益,k_d 是微分增益。故 VTOL 输出的俯仰角 θ 相对于参考输入 θ_r 的闭环传递函数为:

$$G_{\theta, r}(s) = \frac{K_t(k_p s + k_i)}{J s^3 + (B + K_t k_d)s^2 + (K + K_t k_p)s + K_t k_i} \tag{8-29}$$

据此推导出 PID 闭环控制系统的特征方程为:

$$Js^3 + (B + K_t k_d)s^2 + (K + K_t k_p)s + K_t k_i = 0 \tag{8-30}$$

对比标准三阶特征多项式：

$$(s^2 + 2\xi\omega_n s + \omega_n^2)(s + p_0) = s^3 + (2\xi\omega_n + p_0)s^2 + (\omega_n^2 + 2\xi\omega_n p_0)s + \omega_n^2 p_0 \tag{8-31}$$

式(8-31)中，ω_n 是自然振荡角频率；ξ 是阻尼比；p_0 是一个零点，这个零点的位置通常设置为 $p_0 = 1$。

将式(8-30)表示的闭环控制系统的特征方程与理想的标准三阶特征方程比对系数，由此得到的参数为：

$$k_p = \frac{-K + 2p_0\xi\omega_n J + \omega_n^2 J}{K_t} \tag{8-32}$$

$$k_i = \frac{p_0\omega_n^2 J}{K_t} \tag{8-33}$$

$$k_d = \frac{-B + p_0 J + 2\xi\omega_n J}{K_t} \tag{8-34}$$

4. 系统的稳定性分析

稳态误差是系统从一个稳态过渡到新的稳态或系统受扰动作用又重新平衡后，系统出现的偏差。稳态误差记作 e_{ss}，稳态误差公式为：

$$e_{ss} = r_{ss} - y_{ss} \tag{8-35}$$

图 8-9 是单位负反馈系统的结构图，如图所示系统的稳态误差为：

$$E(s) = R(s) - Y(s) \tag{8-36}$$

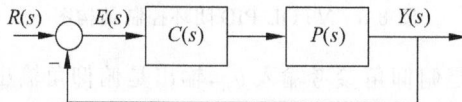

图 8-9　单位负反馈系统

根据闭环传递函数求得：

$$E(s) = \frac{R(s)}{1 + C(s)P(s)} \tag{8-37}$$

使用 PID 控制器：

$$C(s) = k_p + \frac{k_i}{s} + k_d s \tag{8-38}$$

当输入为阶跃信号，$R(s) = \dfrac{R_0}{s}$ 时，QNET VTOL 误差传递函数为：

$$E(s) = \frac{R_0}{s\left(1 + \dfrac{\left(k_p + \dfrac{k_i}{s} + k_d s\right)K_t}{J\left(s^2 + \dfrac{B}{J}s + \dfrac{K}{J}\right)}\right)} \tag{8-39}$$

当系统达到稳定时,可以用终值定理求出稳态误差:

$$e_{ss} = \lim_{s\to 0} sE(s) = R_0\left(\lim_{s\to 0}\frac{s(Js^2 + Bs + K)}{Js^3 + (B + K_t k_d)s^2 + (K + K_t k_p)s + K_t k_i}\right)$$

$$(8\text{-}40)$$

8.2.4 实验内容

1. 登录信息学院网络化实验课程平台,进入单自由度垂直起降飞行器控制系统课程,阅读单自由度垂直起降飞行器(VTOL)控制系统手册,结合手册观看视频,学习实验硬件平台 ELVIS Ⅱ 及 QUANSER 飞行器的基本控制原理,完成实验预习报告。

2. 预习完成后,可进入网站进行飞行器虚拟仿真实验课程,完成线上系统参数和环节特性测定实验。

(1) 测量平衡电流 I_{eq}。

平衡电流 I_{eq} 是将 VTOL 置于水平位置所需的电流值。

打开 VTOL 电流控制实验,单击"开始"按钮进行实验,加载 3D 模型完成后,将"连接服务器"切换到 Connect,在"电流输入参考信号"中设置:幅度(A)=0,频率(Hz)=0.2,偏置(A)=0.13。在"PI 控制参数"中,将 PI 当前增益设置为:$k_p(V/A)=10, k_i(V/A \cdot s)=800$。将"PI 电流控制"切换到 ON。在"电流输入参考信号"中,单击"偏置(A)"增减按钮,逐渐增大偏置电流,直至 QNET VTOL 达到平衡。观察并记录俯仰角为 0deg 时的电流输出响应曲线,并记录此数据 I_{eq}。

(2) 测量固有频率 ω_n。

打开 VTOL 电流控制实验,单击"开始"按钮进行实验,加载 3D 模型完成后,将"连接服务器"切换到 Connect,在"PI 控制参数"中,将 PI 当前增益设置为:$k_p(V/A)=10$,$k_i(V/A \cdot s)=800$,在"电流输入参考信号"中设置:幅度(A)=0,频率(Hz)=0.2,偏置(A)=I_{eq}。将"PI 电流控制"切换到 ON。当 VI 启动并施加平衡电流时,QNET VTOL 迅速向上弹起然后绕其水平位置振荡。待 QNET VTOL 达到水平位置并稳定后,将"PI 电流控制"切换到 OFF,将曲线"记录"切换到 OFF。手动调节光标位置,获取俯仰角的振荡周期 T,计算自然振荡角频率 ω_n,并记录曲线。

(3) 测量电动机电阻 R_m。

稳态下,电动机电压和电动机电流之间的关系为:

$$\frac{dI_m}{dt} = 0 \quad V_m = R_m I_m$$

打开 VTOL 电流控制实验,单击"开始"按钮进行实验,加载 3D 模型完成后,将"连接服务器"切换到 Connect,将"PI 电流控制"切换到 OFF,单击"开环电压(V)"增量按钮,从 0V 开始逐渐增加开环电压,通过施加不同的输入电压,观察电流值,以 1.0V 的步长改变开环电压,将开环电压 5.0~8.0V 的电流值记录在实验报告表 11-4 中,

计算平均电阻 $R_{m,avg}$。

3. 根据二阶系统性能指标,计算电流环比例积分(PI)控制参数。在虚拟仿真实验平台上手动优化电流环 PI 参数,观察参数变化对系统输出动态性能的影响,根据响应结果得到内环最优控制器参数,并完成虚拟仿真实验报告第一部分内容。

(1) 设计电流环 PI 控制参数 k_p 和 k_i。

根据性能指标 $\omega_n = 17.5\mathrm{rad/s}$,$\xi = 0.7$,假定电动机电感 $L_m = 2\mathrm{H}$,使用实验获得的平均电阻作为电动机电阻 R_m,计算电流环 PI 控制参数 k_p 和 k_i。打开 VTOL 电流控制实验,单击"开始"按钮进行实验,加载 3D 模型完成后,将"连接服务器"切换到 Connect。在"电流输入参考信号"中设置:幅度(A)=0.02,频率(Hz)=0.2,偏置(A)= I_{eq}。在"控制参数"中设置计算出的电流环 PI 参数,将"PI 电流控制"切换到 ON。观察并记录此时的电流输出响应曲线。

(2) 观察积分增益 k_i 的变化对系统输出动态性能影响。

单击"控制参数"中的 k_i 控制参数的增减按钮,将 k_i 参数逐步减少至 $50\mathrm{V/A \cdot s}$,观察积分增益 k_i 的变化带来的影响。观察并记录 $k_i = 50\mathrm{V/A \cdot s}$(即低积分增益)时的电流输出响应。

(3) 观察积分增益 k_p 的变化对系统输出动态性能影响。

在"控制参数"中设置计算出的电流环 PI 参数,单击"控制参数"中的 k_p 控制参数的增减按钮,将 k_p 参数逐渐减小到 $0\mathrm{V/A}$,观察积分增益 k_p 的变化带来的影响。观察并记录 $k_p = 0\mathrm{V/A}$(即没有比例增益)时的电流输出响应,将"PI 电流控制"切换到 OFF,返回实验选择列表。

4. 虚拟仿真实验结果正确,可进入远程实验系统预约实验室设备,进行模型校验实验。模型验证要检查机理模型(数学模型)是否正确地描述了实际系统,然后进一步考察模型输出是否充分接近实际系统的行为。

(1) 计算电流的输入信号(即激励信号)和俯仰角(即响应信号)的数学模型。

通过模型推导可得到俯仰角 θ 对输入电流 I 的动态传递函数:

$$\frac{\theta(s)}{I(s)} \equiv P(s) = \frac{K_t}{J\left(s^2 + \frac{B}{J}s + \frac{K}{J}\right)}$$

查找硬件参数表,并根据已测得的系统参数计算出俯仰轴的转动惯量 J、QNET VTOL 的刚度系数 K 和推力-电流扭矩常数 K_t,得到系统的数学模型,并求得系统的零极点。

(2) 获取电流和俯仰角的输入输出数据。

打开 VTOL 系统辨识远程控制实验,单击"开始"按钮进行实验,将"连接服务器"切换到 Connect,远程操作飞行器,在"控制参数"中设置计算出的电流环 PI 参数。在"电流输入参考信号"中设置:幅度(A)=0,频率(Hz)=0.2,偏置(A)= I_{eq}。在"传递函数模型"中,输入计算的模型参数。将"启动控制"切换到 ON。让 QNET VTOL 稳定在水平位置,如有必要可调节偏置电流,调节"电流输入参考信号"中的振幅（A）＝0.02，运行至少 20s。采集 20s 参考电流的输入信号（即激励信号）和俯仰角（即响应信号）的数据。观察实际系统输出的响应曲线（红色线）与数学建模得到的传递函数得出的输出响应曲线（蓝色线）匹配程度，观察并记录响应曲线。

注：当硬件设备不可预约时，可以在网站上直接下载输入输出数据文件。

（3）使用 LabVIEW 系统辨识工具得到辨识出的传递函数。

确定系统模型结构，使用 LabVIEW 自带的系统辨识工具包编写程序，完成对系统实际模型的辨识任务，即根据输入输出的采样数据（远程实验获取或网站下载数据）得到实际系统的传递函数模型，并以零极点的形式显示。程序可参考图 8-10。

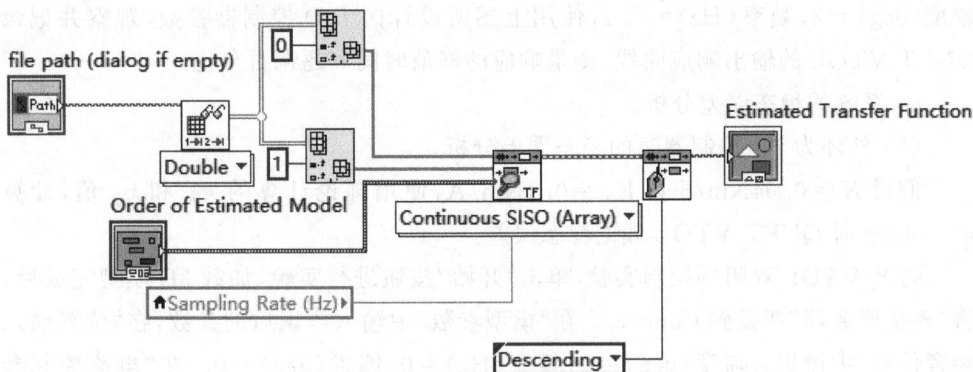

图 8-10　程序框图

注：本实验内容也可以通过 MATLAB 实现。

（4）比较使用数学模型传递函数输出的响应曲线与辨识模型的输出响应曲线的差异。

使用 LabVIEW 中的系统辨识工具包，通过数据拟合模型参数，可以辨识出贴近实际系统的模型。这里可以将辨识模型近似为实际系统，进行理论分析。

打开 VTOL 模型校验实验，单击开始进行实验，加载 3D 模型完成后，将"连接服务器"切换到 Connect，在"数学模型传递函数"中输入系统模型 $P(s)$ 的参数，在"辨识模型传递函数"中输入辨识模型 $P'(s)$ 的参数。在"控制参数"中输入计算出的电流环 PI 参数。在"电流输入参考信号"中设置：幅度（A）＝0，频率（Hz）＝0.2，偏置（A）＝I_{eq}，将"启动控制"切换到 ON，让 QNET VTOL 稳定在水平位置。如有必要可调节偏置电流。调节"电流输入参考信号"中振幅（A）＝0.02，观察并分析使用数学模型传递函数输出的响应曲线与辨识模型的输出响应曲线的差异，并记录曲线。

5. 设计外环角度控制器的比例积分微分（PID）控制参数。

根据系统性能指标，计算外环角度控制器的比例积分微分（PID）控制参数。并手动优化外环 PID 参数，观察参数变化对系统动态性能的影响，并完成虚拟仿真实验报告的第二部分。

（1）计算满足 1.25s 峰值时间和 20% 超调所需的固有频率 ω_n 和阻尼比 ξ。

（2）计算 PID 增益 k_p、k_i、k_d，需要满足 QNET VTOL 设定指标，假定 $p_0=1$，

$K=0.04\mathrm{Nm/deg},K_t=0.1\mathrm{Nm/A},J=0.0044\mathrm{kg} \cdot \mathrm{m}^2$。

（3）观察控制效果。

打开 VTOL 双闭环控制实验，单击开始进行实验，加载 3D 模型完成后，将"连接服务器"切换到 Connect。在"模型参数"中输入辨识后的参数，在"位置输入参考信号"中设置：幅度(deg)=0，频率(Hz)=0.1，偏置(deg)=0，在"电流控制参数"中输入计算出的电流环 PI 参数，在"位置 PID 控制参数"中输入计算的外环 PID 参数。将"启动控制"切换到 ON。让 QNET VTOL 稳定在水平位置附近，如有必要，通过改变偏移量控制来调整高度，直到水平为止。在"位置输入参考信号"中更改设置：幅度(deg)=2，频率(Hz)=0.1，使用上述所设计的 PID 控制器参数，观察并记录 QNET VTOL 的输出响应曲线，测量响应的峰值时间和超调百分比。

6. 系统的稳态误差分析。

（1）外环为 PD 控制器时的稳态误差分析。

假设 $K=0.04\mathrm{Nm/deg},K_t=0.1\mathrm{Nm/A}$，使用理论计算的 k_p 和 k_d 值，计算 $R_0=4\mathrm{deg}$ 时 QNET VTOL 理论稳态误差。

打开 VTOL 双闭环控制实验，单击"开始"按钮进行实验，加载 3D 模型完成后，将"连接服务器"切换到 Connect。在"模型参数"中输入辨识后的参数，在"位置输入参考信号"中设置：幅度(deg)=0，频率(Hz)=0，偏置(deg)=0。在"电流控制参数"中输入计算出的电流环 PI 参数。在"位置 PID 控制参数"中设置上面计算出的 PID 参数，将"启动控制"切换到 ON。让 QNET VTOL 稳定在水平位置附近。如有必要，通过改变偏移量控制来调整高度，直到水平为止。

使用 PD 控制，在"位置 PID 控制参数"中将积分增益 k_i 设置为 0，在"位置输入参考信号"中设置：幅度(deg)=4，频率(Hz)=0，则使用此 PD 控制器时，观察并记录 QNET VTOL 的阶跃响应曲线，测量稳态误差，并将测量的稳态误差与计算的理论值进行对比。

（2）外环为 PID 控制器时的稳态误差分析。

使用理论计算的 k_p、k_i 和 k_d 值，计算 $R_0=4\mathrm{deg}$ 时 QNET VTOL 理论稳态误差。

打开 VTOL 双闭环控制实验，单击"开始"按钮进行实验，加载 3D 模型完成后，将"连接服务器"切换到 Connect。在"模型参数"中输入辨识后的参数，在"位置输入参考信号"中设置：幅度(deg)=0，频率(Hz)=0，偏移(deg)=0。在"电流控制参数"中，将 PI 当前增益设置为：$k_p(\mathrm{V/A})=7.3,k_i(\mathrm{V/A} \cdot \mathrm{s})=612.5$。在"位置 PID 控制参数"中设置计算出的 PID 参数，将"启动控制"切换到 ON。让 QNET VTOL 稳定在水平位置附近。如有必要，通过改变偏移量控制来调整高度，直到水平为止。

在"位置输入参考信号"设定部分设置：幅度(deg)=4，频率(Hz)=0，观察并记录使用 PID 控制器时，QNET VTOL 的阶跃响应曲线，并测量稳态误差，并将测量的稳态误差与计算的理论值进行对比。

（3）绘制系统根轨迹图及伯德图，并分析系统动态特性。

注：如果可以预约硬件设备，可以远程操作设备完成实验内容中的步骤 5、步骤 6 的 VTOL 双闭环控制系统内容，观察真实控制效果。

7. 进入实验室，使用 LabVIEW 编写双闭环控制系统，优化双闭环参数实现 QNET VTOL 的双闭环飞行控制，并与仿真结果进行对比，编写友好的人机操作界面，按照要求完成控制系统课程设计报告，制作 PPT，进行项目结题答辩。

第9章

一阶旋转倒立摆控制系统的设计

9.1 QNET Rotary Inverted Pendulum 实验板简介

9.1.1 QNET Rotary Inverted Pendulum 实验板介绍

NI ELVIS Ⅱ的 Quanser Rotary Inverted Pendulum 实验板是一种多功能伺服系统,用于演示倒立摆的实验。该系统采用 18V 有刷直流驱动电动机,单端旋转编码器用于测量旋臂和摆杆的角度。

QNET Rotary Inverted Pendulum 为放大器指令和编码器端口提供集成放大器和与 NI ELVIS Ⅱ的通信接口。如图 9-1 所示 QNET Rotary Inverted Pendulum 上不同系统组件之间的交互作用。NI ELVIS Ⅱ通过 USB 与 PC 连接,可以读取角度编码器的输入信号,同时通过功率放大器驱动直流电动机。

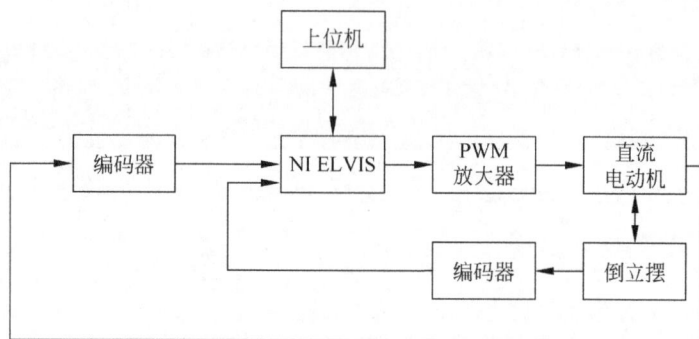

图 9-1 一阶旋转倒立摆系统组件间交互框图

组成 QNET Rotary Inverted Pendulum 的主要部件如图 9-1、图 9-2 和图 9-3 所示。说明见表 9-1 和表 9-2。

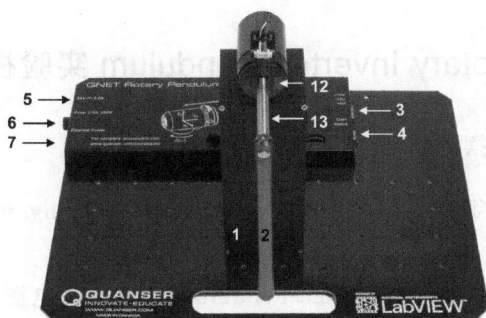

图 9-2　QNET Rotary Inverted Pendulum 实验板的总体布局主视图

图 9-3　QNET Rotary Inverted Pendulum 实验板的总体布局后视图

表 9-1　QNET Rotary Inverted Pendulum 实验板的主要部件

序号	名　称	序号	名　称	序号	名　称
1	金属外壳	6	熔丝	11	5 针编码器接头
2	摆杆	7	外部电源指示灯	12	高分辨率编码器
3	+5V、−15V、+15V、LED	8	PCI 连接	13	旋臂
4	用户和状态灯	9	8 针电动机电源接头	14	电动机
5	24V 输入	10	5 针编码器接头	15	高分辨率编码器

表 9-2　QNET Rotary Inverted Pendulum 实验板参数

符号	描　述	数　值
M_p	摆杆质量	0.024kg
L_p	摆杆长度	0.126m
r	旋臂长度	0.085m
J_{eq}	电动机轴和负载转动惯量	5.7×10^{-5} kg/m^2
K_t	电动机扭矩系数	0.042N·m/A
K_m	电动机反电动势系数	0.042V/(rad/s)
R_m	电动机电阻	8.4Ω
M_{arm}	旋臂质量	0.095kg
g	重力加速度	9.81m/s^2

9.1.2　QNET Rotary Inverted Pendulum 实验板常见问题

1. 常见旋转倒立摆问题

（1）当运行 QNET Rotary Inverted Pendulum Modeling. vi 时,单击扰动时倒立摆不动。

答：确保 QNET Rotary Inverted Pendulum 实验板的电源连接正确。四个指示灯(+15V,-15V,+5V 和外部电源)都应该是绿色的。

（2）当运行 QNET Rotary Inverted Pendulum Swing Up. vi 时,倒立摆不动。

答：首先检查电源连接是否正确,然后看看启动按钮是否按下,最后轻轻敲一下摆杆。

2. 常见硬件和软件问题

详见第 8.1.2 节,有讲解。

9.2　【实验三】　一阶旋转倒立摆控制系统的设计

9.2.1　实验目的

1. 一阶旋转倒立摆系统的参数测定
2. 一阶旋转倒立摆系统的数学建模
3. 一阶旋转倒立摆系统的性能分析
4. 一阶旋转倒立摆控制系统的平衡控制器设计
5. 一阶旋转倒立摆控制系统的起摆控制器设计

9.2.2　实验设备

1. ELVIS Ⅱ实验平台
2. QNET Rotary Inverted Pendulum 实验板
3. 计算机
4. 信息学院网络化实验课程平台

9.2.3　实验原理

倒立摆的动态过程与人类的行走姿态类似,其平衡与火箭的发射姿态调整类似,因此从工程应用的角度,倒立摆在研究双足机器人直立行走,火箭发射过程的姿态调整,海上钻井平台的稳定控制等领域有着重要的现实意义,研究倒立摆的精确控制策略对工业生产中复杂对象的控制有着重要的应用价值。从学术研究角度来看,倒立摆是典型的非线性、高阶次、强耦合、不稳定、欠驱动系统,在控制过程中,可以有效反映诸如可镇定性、鲁棒性、随动性等许多控制中的关键问题,是检验各种控制理论的理想模型。本章以一阶旋转倒立摆为研究对象,旋转倒立摆系统的控制效果可以通过摆动角度、旋转角度和稳定时间直接衡量。

1. 一阶旋转倒立摆控制系统的问题描述

一阶旋转倒立摆的结构如图 9-4 所示,整个摆及旋臂随着电动机轴做水平面内的旋转运动,同时摆杆在垂直平面内随着摆的转轴中心做旋转运动。

在摆杆转轴中心建立坐标系,在竖直方向上对摆受力分析得:

$$P - M_p g = -M_p \frac{\mathrm{d}^2 (l_p \cos\alpha)}{\mathrm{d}t^2} \tag{9-1}$$

即

$$P = M_p g + M_p l_p \ddot{\alpha}(t) \sin\alpha(t) + M_p l_p \dot{\alpha}^2(t) \cos\alpha(t) \tag{9-2}$$

式(9-2)中,P 是摆杆竖直方向上的受力,M_p 是摆杆的重量,l_p 是 $\frac{1}{2}$ 摆杆长度,g 是重力加速度,α 是摆杆的旋转角度。

图 9-4　一阶旋转倒立摆的结构图

在水平的切向方向上对摆受力分析得:

$$N = M_p \frac{\mathrm{d}^2 (l_p \sin\alpha(t) + r\theta(t))}{\mathrm{d}t^2} \tag{9-3}$$

即

$$N = M_p r \ddot{\theta}(t) + M_p l_p \ddot{\alpha}(t) \cos\alpha(t) - M_p l_p \dot{\alpha}^2(t) \sin\alpha(t) \tag{9-4}$$

式中,N 是摆杆水平方向上的受力,r 是旋臂的长度,θ 是旋臂的旋转角度。

摆杆的运动方程为

$$J_p \cdot \frac{\mathrm{d}^2 \alpha}{\mathrm{d}t^2} = -P l_p \sin\alpha(t) - N l_p \cos\alpha(t) \tag{9-5}$$

式中,J_p 是摆杆质心的转动惯量。

对于具有均匀质量分布的摆,其枢轴和质心的转动惯量有如下关系:

$$J = J_p + m l_p^2 \tag{9-6}$$

式中,J 可用式(9-7)计算得

$$J = \int r^2 \mathrm{d}m = \frac{M_p}{L_p} \int_0^{L_p} r^2 \mathrm{d}r = \frac{1}{3} M_p L_p^2 \tag{9-7}$$

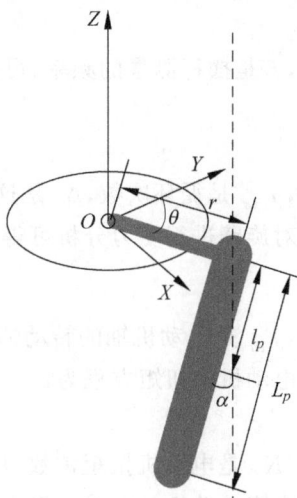

根据式(9-6)和式(9-7)可得出 $J_p=0.25J$ 的结论。转动惯量 J 也可以通过实验的方法得到,对于单摆系统,摆的非线性运动方程为式(9-8)。当 α 角度很小时,可近似认为 $\sin\alpha=\alpha$,代入式(9-8)得到式(9-9):

$$J\ddot{\alpha}=-M_p g l_p \sin\alpha(t) \tag{9-8}$$

$$J\ddot{\alpha}=-M_p g l_p \alpha \tag{9-9}$$

式(9-9)是一个二阶常系数微分方程,其通解形式为 $\alpha=A\cos(\omega t+\varphi)$,式中 A 和 φ 为任意实数,$\omega=\sqrt{\dfrac{M_p g l_p}{J}}$,可得到转动惯量 J 的表达式:

$$J=\frac{M_p g l_p}{4\pi^2 f^2} \tag{9-10}$$

式中,f 是摆杆测量的频率,可以根据式(9-11)计算:

$$f=\frac{n_{cyc}}{\Delta t} \tag{9-11}$$

式中,n_{cyc} 是循环次数,Δt 是这些循环的持续时间。

对旋臂进行受力分析可得:

$$J_{eq}\ddot{\theta}(t)=T_m-Nr \tag{9-12}$$

式中,J_{eq} 是电动机轴的转动惯量,T_m 为电动机通电产生的动力矩,N 为阻力。

电动机的扭矩方程为:

$$T_m(t)=K_t I_m \tag{9-13}$$

式中,K_t 是电动机扭矩常数,I_m 是电动机电枢电流。

直流电动机的电气方程为:

$$u(t)-R_m I_m(t)-K_m \omega_m(t)=0 \tag{9-14}$$

式中,u 是电动机电压,R_m 是电动机电阻,K_m 是电动机反向感应常数,ω_m 是电动机轴的角速度。

由式(9-14)可得电流 $I_m(t)$ 为:

$$I_m(t)=\frac{u(t)-K_m \omega_m(t)}{R_m} \tag{9-15}$$

将式(9-15)代入式(9-13)可得:

$$T_m=\frac{K_t u(t)-K_m K_t \omega_m(t)}{R_m} \tag{9-16}$$

设 $\alpha=\pi+\varphi$(φ 是摆杆与垂直方向之间的夹角),假设 $\varphi\ll1$ 弧度,则可以进行近似处理:$\cos\alpha=-1$、$\sin\alpha=-\varphi$、$\left(\dfrac{\mathrm{d}\alpha}{\mathrm{d}t}\right)^2=0$,忽略摩擦力,近似将式(9-2)和式(9-4)代入式(9-5)中得到微分方程:

$$-M_p g l_p \varphi+(J_p+M_p l_p^2)\ddot{\varphi}=M_p l_p r\ddot{\theta} \tag{9-17}$$

将式(9-4)、式(9-16)代入式(9-12)得到微分方程:

$$(J_{eq} + M_p r^2)\ddot{\theta} - M_p r l_p \ddot{\varphi} = -\frac{K_t K_m}{R_m}\dot{\theta} + \frac{K_t}{R_m}u \qquad (9\text{-}18)$$

设一阶旋转倒立摆的状态空间方程为：

$$\begin{cases} x(t) = Ax(t) + Bu(t) \\ y(t) = Cx(t) + Du(t) \end{cases}$$

将 $l_p = \dfrac{L_p}{2}$ 代入式(9-17)和式(9-18)并求解 $\ddot{\theta}$ 和 $\ddot{\varphi}$ 得：

$$\dot{\theta} = \dot{\theta}$$

$$\dot{\varphi} = \dot{\varphi}$$

$$\ddot{\theta} = \frac{M_p^2 L_p^2 rg/4}{J_{eq}J_p + J_{eq}M_p L_p^2/4 + M_p J_p r^2}\varphi - \frac{J_p K_m K_t + M_p L_p^2 K_m K_t/4}{R_m(J_{eq}J_p + J_{eq}M_p L_p^2/4 + M_p J_p r^2)}\dot{\theta}$$
$$+ \frac{K_t(J_p + M_p L_p^2/4)}{R_m(J_{eq}J_p + J_{eq}M_p L_p^2/4 + M_p J_p r^2)}u$$

$$\ddot{\varphi} = \frac{M_p L_p g(J_{eq} + M_p r^2)/2}{J_{eq}J_p + J_{eq}M_p L_p^2/4 + M_p J_p r^2}\varphi - \frac{M_p L_p K_m K_t/2}{R_m(J_{eq}J_p + J_{eq}M_p L_p^2/4 + M_p J_p r^2)}\dot{\theta}$$
$$+ \frac{K_t M_p r L_p/2}{R_m(J_{eq}J_p + J_{eq}M_p L_p^2/4 + M_p J_p r^2)}u$$

整理后得到系统的状态空间模型：

$$\begin{bmatrix} \dot{\theta} \\ \dot{\varphi} \\ \ddot{\theta} \\ \ddot{\varphi} \end{bmatrix} = \begin{bmatrix} 0 & 0 & 1 & 0 \\ 0 & 0 & 0 & 1 \\ 0 & \dfrac{M_p^2 L_p^2 rg/4}{J_{eq}J_p + J_{eq}M_p L_p^2/4 + M_p J_p r^2} & -\dfrac{J_p K_m K_t + M_p L_p^2 K_m K_t/4}{R_m(J_{eq}J_p + J_{eq}M_p L_p^2/4 + M_p J_p r^2)} & 0 \\ 0 & \dfrac{M_p L_p g(J_{eq} + M_p r^2)/2}{J_{eq}J_p + J_{eq}M_p L_p^2/4 + M_p J_p r^2} & -\dfrac{M_p L_p K_m K_t/2}{R_m(J_{eq}J_p + J_{eq}M_p L_p^2/4 + M_p J_p r^2)} & 0 \end{bmatrix}$$

$$\cdot \begin{bmatrix} \theta \\ \varphi \\ \dot{\theta} \\ \dot{\varphi} \end{bmatrix} + \begin{bmatrix} 0 \\ 0 \\ \dfrac{K_t(J_p + M_p L_p^2/4)}{R_m(J_{eq}J_p + J_{eq}M_p L_p^2/4 + M_p J_p r^2)} \\ \dfrac{K_t M_p r L_p/2}{R_m(J_{eq}J_p + J_{eq}M_p L_p^2/4 + M_p J_p r^2)} \end{bmatrix} u$$

$$y = \begin{bmatrix} 1 & 0 & 0 & 0 \\ 0 & 1 & 0 & 0 \\ 0 & 0 & 1 & 0 \\ 0 & 0 & 0 & 1 \end{bmatrix} \cdot \begin{bmatrix} q \\ j \\ \dot{q} \\ \ddot{j} \end{bmatrix} + \begin{bmatrix} 0 \\ 0 \\ 0 \\ 0 \end{bmatrix} u$$

2. 非最小相位系统

本节研究的一阶旋转倒立摆系统是典型的非最小相位系统。非最小相位系统是指在右半 s 平面存在零、极点或者有时滞环节的系统。在非最小相位系统中,系统输出响应的起始阶段方向与最终稳态阶段方向相反,在被控对象受到外界干扰影响的情况下,使控制器输出正反馈信号,因为时滞的存在,控制器消除干扰的影响较为缓慢,会导致系统的调节时间较长且超调量较大。

3. 一阶旋转倒立摆系统性能分析相关定理

通过对一阶旋转倒立摆受力分析后,得到一阶旋转倒立摆系统的状态空间数学模型后,需要深入研究系统稳定性、能观性及能控性,需要用到以下三个定理进行分析。

定理 1(稳定性判据)　李雅普诺夫(Lyapunove)稳定性中的第一方法,对于线性定常系统 $\dot{x} = Ax, x(0) = x_0, t \geqslant 0$ 有:

(1) 任何不同系统的平衡状态是在李雅普诺夫意义下稳定的充要条件是:系数矩阵 A 得到的特征方程求得的特征值都是非正(负或零)实部,且特征值里零实部的值为特征方程中最小多项式的唯一根。

(2) 对于系统仅有的一个平衡状态 $x_e = 0$,其渐进稳定的必须满足条件:A 的特征方程所求得的全部特征值实部只能是负的。

定理 2(能控性判据)　对于 n 阶线性的定常连续系统 $\dot{x} = Ax + Bu$,状态完全能控就必须满足,当且仅当该连续定常系统构成的能控性矩阵:

$$M = \begin{bmatrix} A & AB & A^2B & \cdots & A^{n-1}B \end{bmatrix} \tag{9-19}$$

满秩,即 $\mathrm{rank}(M) = n$。

定理 3(能观性判据)　对于 n 阶线性定常连续系统:

$$\begin{cases} \dot{x} = Ax + Bu \\ y = Cx \end{cases} \tag{9-20}$$

状态完全能观就必须满足,当且仅当系统的能观性矩阵:

$$V = \begin{bmatrix} C^T & (CA)^T & (CA^2)^T & \cdots & (CA^{n-1})^T \end{bmatrix}^T \tag{9-21}$$

满秩,即 $\mathrm{rank}(V) = n$。

4. 一阶旋转倒立摆系统的控制器设计

(1) PD 平衡控制算法。

平衡是常见的控制任务,即摆杆处于上平衡位置,同时保持旋臂的所需位置。当平衡系统时,摆角 α 很小,并且可以通过 PD 控制器简单地实现平衡。如果将旋臂保持在固定位置,也需要引入旋臂位置的反馈。对于 QNET Rotary Inverted Pendulum,定义其状态向量 X 为:

$$\boldsymbol{X} = \begin{bmatrix} \theta & \alpha & \dot{\theta} & \dot{\alpha} \end{bmatrix} \tag{9-22}$$

定义参考信号为：

$$\boldsymbol{X}_r = \begin{bmatrix} \theta_r & \pi & 0 & 0 \end{bmatrix} \tag{9-23}$$

式中，θ_r 是旋臂的设定角度，π 是摆杆角度 α 的设定值，即摆臂的上平衡位置，各角度导数的参考信号为零。利用 X 和 X_r 差值信号，可以获得以下控制定律：

$$u = -K(X - X_r)$$
$$= K_{p,\theta}(\theta - \theta_r) - K_{p,\alpha}(\alpha - \pi) - K_{d,\theta}\dot{\theta} - K_{d,\alpha}\dot{\alpha} \tag{9-24}$$

式中，$K_{p,\theta}$ 是旋臂角比例增益，$K_{p,\alpha}$ 是摆杆角比例增益，$K_{d,\theta}$ 是旋臂角导数增益，$K_{p,\alpha}$ 是摆杆角导数增益。

（2）LQR 控制算法。

LQR(Linear Quadratic Regulator)即线性二次型调节器，其被控对象是现代控制理论中以状态空间形式给出的线性系统，目标函数为对象状态和控制输入的二次型函数。LQR 理论的设计目标是设计状态反馈控制器 K，并使二次型目标函数 J 取最小值，而 K 由权矩阵 $\boldsymbol{Q}$ 与 $\boldsymbol{R}$ 唯一决定，故此 $\boldsymbol{Q}$、$\boldsymbol{R}$ 的选择尤为重要。LQR 理论是现代控制理论中发展最早的、也是最为成熟的一种状态空间设计法，LQR 可得到状态线性反馈的最优控制规律，易于构成闭环最优控制，其控制系统结构框图如图 9-5 所示。

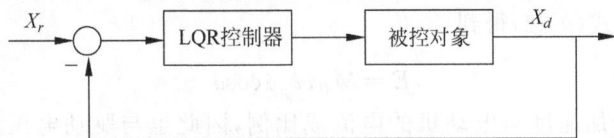

图 9-5　控制系统结构框图

采用 LQR 最优控制方法，首先通过系统模型建立状态空间方程：

$$\begin{cases} \dot{x} = \boldsymbol{A}x + \boldsymbol{B}u \\ y = \boldsymbol{C}x \end{cases} \tag{9-25}$$

设计 LQR 控制器，使二次型目标函数取最小值，其表达式：

$$J = \int_0^\infty (\boldsymbol{x}^{\mathrm{T}}Qx + \boldsymbol{u}^{\mathrm{T}}Ru)\mathrm{d}t \tag{9-26}$$

在系统完全可控的条件下，其全状态反馈为：

$$u = -Kx \tag{9-27}$$

式中，$K = \boldsymbol{R}^{-1}\boldsymbol{B}P$，式中的 P 为 Riccati 方程 $PA + \boldsymbol{A}^{\mathrm{T}}P - PB\boldsymbol{R}^{-1}\boldsymbol{B}^{\mathrm{T}}P + \boldsymbol{Q} = 0$ 的解。可见，决定 P 值大小的关键在于指标函数加权矩阵 $\boldsymbol{Q}$ 和 $\boldsymbol{R}$ 的选择。

这里可以调用 LabVIEW 中的 LQR 函数 $K = \mathrm{lqr}(\boldsymbol{A}, \boldsymbol{B}, \boldsymbol{Q}, \boldsymbol{R})$，直接得到 K 值，通过这个函数的参量，也可以说明 K 值与 $\boldsymbol{Q}$、$\boldsymbol{R}$ 的取值有着直接的关系。

最终设计状态反馈控制器为：

$$u = -Kx$$

（3）能量起摆切换控制算法。

旋臂角度保持不变并且摆杆处于初始位置，当倒立摆系统以恒定的幅度摆动时，受到摩擦力的作用，摆动过程会出现阻尼振荡。能量控制的目的是在摩擦力恒定的情况下，控制倒立摆系统。

摆杆的势能是：

$$E_p = M_P g l_p (1 - \cos\alpha) \tag{9-28}$$

并且动能是：

$$E_k = \frac{1}{2} J_p \dot{\alpha}^2 \tag{9-29}$$

从图 9-4 中可以得出摆的非线性运动方程：

$$J_p \ddot{\alpha}(t) = -M_P g l_p \sin\alpha(t) + M_P v l_p \cos\alpha(t) \tag{9-30}$$

式中，v 是摆的线性加速度，当摆杆在图 9-4 中的 $\alpha = 0$ 处静止时势能为零，并且当摆杆在 $\alpha = \pm\pi$ 处直立时等于 $2M_p g l_p$。

摆的势能和动能的总和：

$$E = \frac{1}{2} J_p \dot{\alpha}^2 + M_P g l_p (1 - \cos\alpha) \tag{9-31}$$

将式（9-31）求导得到：

$$\dot{E} = \dot{\alpha}(J_p \ddot{\alpha} + M_P g l_p \sin\alpha) \tag{9-32}$$

将式（9-30）代入式（9-32）得到：

$$\dot{E} = M_P v l_p \dot{\alpha} \cos\alpha \tag{9-33}$$

由于枢轴的加速度与电动机的电流成比例，因此也与驱动电压成比例，因此很容易控制摆的能量，采用比例控制使摆的能量 E 达到参考能量 E_r。

$$u = (E_r - E)\dot{\alpha}\cos\alpha \tag{9-34}$$

由式（9-34）可知控制律是非线性的，因为比例增益取决于摆角 α。为了快速改变能量，控制信号的幅度必须很大。因此，采用以下的起摆控制器：

$$u = sat_{u\max}(\mu(E_r - E))\text{sign}(\dot{\alpha}\cos\alpha) \tag{9-35}$$

其中，μ 是可调控制增益，并且 $sat_{u\max}$ 函数在摆杆枢轴的最大加速度 $v_{\max}$ 时使控制信号饱和。

（4）切换控制

能量起摆控制可以与平衡控制相结合，以获得切换控制系统，如图 9-6 所示，可以通过在两个控制器之间切换来完成起摆和平衡双重控制目标，切换条件用于确定哪个控制器起作用。

当摆杆处于垂直位置时，它被定义为零，并用数学方法表示为：

$$\alpha_{up} = \text{mod}(\alpha, 2\pi) - \pi \tag{9-36}$$

此时控制器是起摆控制器，随着 α_{up} 越来越小（α 越来越大），当 $|\alpha_{up}| \leqslant 20°$ 时，切换执行平衡控制器。

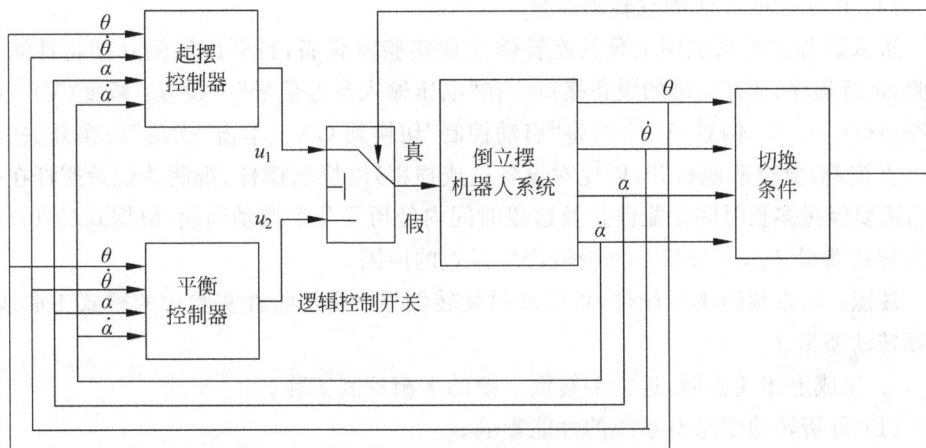

图 9-6　倒立摆混合控制结构图

9.2.4　实验内容

1. 登录信息学院网络化实验课程平台，进入一阶旋转倒立摆控制系统课程，阅读一阶旋转倒立摆控制系统手册，结合手册观看视频，学习实验硬件平台 ELVIS Ⅱ 及 QUANSER 一阶旋转倒立摆的基本控制原理，完成实验预习报告。

2. 完成预习报告后，进行模型认识及系统参数测定实验。

(1) 阻尼特性。

打开旋转倒立摆阻尼特性实验，单击开始进行实验，加载 3D 模型完成后，将"连接服务器"切换到 Connect，选择模式 0：固定旋臂的角度，并扰动摆杆将"部署参数至服务器"切换到 ON，将"启动控制"切换到 ON，观察摆杆的旋转角度 α 和旋臂的旋转角度 θ 响应。选择模式 1，同一位置不固定旋臂的角度的同时扰动摆杆将"部署参数至服务器"切换到 ON，将"启动控制"切换到 ON。观察两种模式下摆杆的旋转角度 α 和旋臂的旋转角度 θ 响应，通过实验效果分析旋转倒立摆的阻尼特性。

(2) 摩擦特性。

进入远程实验系统网上预约旋转倒立摆实验室设备，打开旋转倒立摆特性测试实验，运行程序，选择正确的设备接口。在"电压输入参考信号"中设置：幅度(V)＝0，频率(Hz)＝0.25，偏置(V)＝0，将"启动控制"切换到 ON。分别以 0.10V 和 －0.10V 的步长更改偏置电压设置，直到摆杆开始移动，记录钟杆移动的电压，并分析系统的摩擦特性。

注意：如果预约不了硬件，可以先不做该实验。

(3) 计算转动惯量的理论值。

假设旋转倒立摆系统中的摆杆质量分布均匀，结合参数表给出的参数，用理论公式计算转动惯量 J_p 的理论值。

(4) 用实验的方法测量转动惯量。

进入远程实验系统网上预约旋转倒立摆实验室设备,打开旋转倒立摆特性测试实验,运行程序,选择正确的设备接口。在"电压输入参考信号"中设置:幅度(V)=0,频率(Hz)=0.25,偏置(V)=0,将"启动控制"切换到 ON。单击"扰动"切换开关(不要一直按着,要快速地松开,以免对设备造成损害)以扰动摆杆,观测并记录摆杆在扰动后需要经过多长时间才能停止及这段时间内经历了几个摆动周期,根据式(9-10)计算出转动惯量 J_p,并分析与理论值产生误差的原因。

注意:如果预约不了硬件,可以通过旋转倒立摆阻尼特性实验中的模式 1 曲线,计算转动惯量 J_p。

3. 完成上述实验后,进行旋转倒立摆的平衡控制实验。

(1) 分析转动惯量对系统的性能影响。

打开旋转倒立摆系统模型实验,将参数表的参数填入参数区,其中 J_p 设置为实验测量值,将推导的模型状态空间的表达式填入对应的矩阵,加载 3D 模型完成后,将"部署传递函数至服务器"切换到 Connect。将"启动控制"切换到 ON。如果推导正确,倒立摆 3D 模型的旋臂会以 $\pm45°$旋转,摆杆处于上平衡位置。记录并观察系统零极点图,适当改变 J_p,观察并记录系统零极点变化,填入表 11-5,并加以分析。

(2) 通过实验的方式确定系统为非最小相位系统。

打开旋转倒立摆系统平衡实验,加载 3D 模型完成后,将"连接服务器"切换到 Connect,在"旋臂旋转角度输入参考信号"中设置:幅度(deg)=45,频率(Hz)=0.2,偏置(deg)=0,将 LQR 加权矩阵 Q 和 R 设置为:$Q(1,1)=1$(即将 Q 矩阵的第一个元素设置为1,矩阵其他元素采用默认),将"部署参数至服务器"切换到 ON,将"启动控制"切换到 ON。滑动摆杆角度滚动条设置 $180°$,启动平衡控制。观察并记录摆杆的旋转角度 α 和旋臂的旋转角度 θ 响应曲线,分析如何通过系统的输出动态响应确定系统为非最小相位系统。

(3) 采用 LQR 控制算法完成一阶旋转倒立摆平衡实验,研究矩阵 Q 中元素的变化对系统输出性能的影响。

增大 $Q(1,1)=10$,生成新的控制增益后,观察并记录摆杆的旋转角度 α 和旋臂的旋转角度 θ 响应曲线。分析 $Q(1,1)$ 变化对系统输出性能影响。

将 Q 矩阵中的第三个元素减小为 $0(Q(3,3)=0)$,生成新的控制增益后,观察并记录摆杆的旋转角度 α 和旋臂的旋转角度 θ 响应曲线,分析 $Q(3,3)$ 变化对系统输出性能影响。

(4) 设计一个符合以下指标的平衡控制器,峰值时间小于 0.75s:$t_p \leqslant 0.75\text{s}$,电动机电压峰值小于 $\pm9\text{V}$:$|V_m| \leqslant 9\text{V}$,摆角小于 $15°$:$|\alpha| \leqslant 15°$。

记录满足上述控制增益指标的 Q 和 R 矩阵,观察并记录系统输出响应曲线。

4. 完成平衡实验后,进行旋转倒立摆的起摆平衡切换控制实验。

(1) 测量平衡位置的能量值。

打开旋转倒立摆系统平衡实验,加载 3D 模型完成后,将"连接服务器"切换到

Connect,按照内容 3 中的步骤(2)设置参数,将"部署参数至服务器"切换到 ON。将"启动控制"切换到 ON。滑动摆杆角度滚动条,观察摆杆能量 E 变化,记录摆杆 180°时能量值。

(2) 分析能量控制参数 E_r 在旋转倒立摆系统的作用。

打开旋转倒立摆系统起摆实验。加载 3D 模型完成后,将"连接服务器"切换到 Connect,在"旋臂旋转角度输入参考信号"中设置给定值,在"平衡控制器参数区"内设置满足指标要求的 K 值,在"起摆控制器中"设置:初始参数 $\mu(\mathrm{m/s^2})/J$ 等于 55,最大加速度$(\mathrm{m/s^2})$等于 6,将"部署参数至服务器"切换到 ON,将"启动控制"切换到 ON。观察 E_r 为 11.0mJ 和 15.0mJ 时,摆杆模型摆起幅度,并记录摆杆角度和旋臂角度的曲线,分析能量控制参数在旋转倒立摆控制系统中的作用。

(3) 分析能量控制参数 μ 在旋转倒立摆系统的作用。

打开旋转倒立摆系统起摆实验。加载 3D 模型完成后,将"连接服务器"切换到 Connect,在控制参数中,将 E_r 固定为 10.0mJ,将"部署参数至服务器"切换到 ON,将"启动控制"切换到 ON。观察控制增益 μ 为 10 和 80 时,摆杆模型摆起幅度,并记录摆杆角度和旋臂角度的曲线,分析控制增益 μ 在旋转倒立摆系统中的作用。

(4) 一阶旋转倒立摆的起摆平衡控制

优化一组能量控制参数,设置起摆和平衡控制器的切换条件,使倒立摆实现起摆平衡控制,记录其摆杆角度和旋臂角度的曲线。

注意:如果可以预约硬件设备,可以远程操作设备完成实验内容 4 中的旋转倒立摆起摆平衡控制实验,观察真实控制效果。

5. 进入实验室,使用 LabVIEW 编写旋转倒立摆控制系统,实现一阶旋转倒立摆起摆平衡控制,并在实验室分析系统在上平衡位置的抗扰性。编写友好的人机操作界面,按照要求完成控制系统课程设计报告,制作 PPT,进行项目结题答辩。

第三篇　常用仪器设备使用及实验报告

第10章 实验中常用仪器设备的使用

>>>

　　通过本章介绍的自动化专业实验室常用电子仪器的基本结构和功能，掌握数字存储示波器和数字万用表的使用方法。

10.1　自动控制原理电路板

　　自动控制原理电路板是基于 NI ELVIS Ⅱ 平台二次开发设计，兼容 ELVIS Ⅱ 上的所有接口，只要插在 ELVIS Ⅱ 上就可以借助虚拟仪器完成《自动控制原理》的所有基础和扩展性实验，平台上电子元器件焊接规范，功能分区明确，如图 10-1 所示。

图 10-1　自动控制原理电路板

　　电路板的 A 区为端口区，分为 A1 和 A2 两个区域，包括模拟量输入输出、数字 I/O、函数发生器端口等。电路板的 B 区为电路设计区，分七个小区域(B1～B7)，每个区域焊接不同阻值的电阻和不同容值的电容，通过灯笼头测试导线连接电路，需要注意的是各区域的电阻不可以互换使用。电路板的 C 区分为 C1、C2、C3 三个区域，C1 区为信号采样与恢复电路，C2 区为非线性电路，C3 区为开关区。电路板 D 区为可调电位器区，通过插针与下板连接。电路板的 F 区为防静电触点区,各分区中的所有芯片电源在电路中已经焊接。

10.2　数字万用表

数字万用表是一种多用途电子测量仪器,一般包含安培计、电压表、欧姆计等功能,主要是对电压、电阻和电流等进行测量。本节以福禄克 12E 数字万用表为例讲解功能,如图 10-2 所示。

图 10-3 给出万用表的测量端子。其中,端子①用于交流电和直流电电流的测量(最高可测量 10A);端子②用于交流电和直流电的微安以及毫安的测量;端子③为所有测量的公共(返回)接线端;端子④用于电压、电阻、通断性、二极管和电容的测量。万用表不用时,电源开关(旋钮)应置于 OFF 位置,如果二十分钟不活动,也会自动关闭电源。

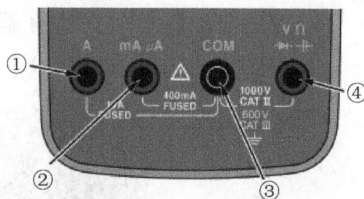

图 10-2　万用表　　　　　　　　　　图 10-3　万用表测量端子

在测量时,万用表的显示屏如图 10-4 所示,万用表使用时,有手动量程和自动量程两个选项。在自动量程模式下,将会为检测到的输入信号选择最佳量程,屏幕上显示 Auto。按下 RANGE 键,可以手动选择量程。如要保持当前读数,按 HOLD,再按 HOLD 恢复正常操作,为防止可能发生的触电、火灾或人身伤害,HOLD 开启后,不能测量未知电位。

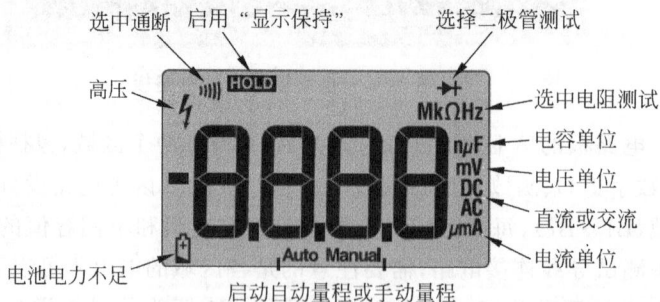

图 10-4　万用表显示屏

1. 测量电压

将旋转开关转到 DCV、ACV 或 DCmV，将红色测试导线连接至 ⌁VΩ 端子，并将黑色测试导线连接至 COM 端子，将探针接触电路测试点，在显示屏上读取测量的电压值。

2. 测量电流

将旋转开关转到 A、mA 或 μA，将红色测试导线插入 A、mA 或 μA 端子，并将黑色测试导线插入 COM 端子，断开待测的电路，然后将测试导线衔接断开位置并接通电源。在显示屏上读取测量的电流值。

3. 测量电阻

将旋转开关转至 ⌁，将红色测试导线插入 ⌁VΩ 端子，并将黑色测试导线插入 COM 端子，确保电路的电源切断，将探针接触电路测试点，显示屏上读取测量的电阻值。

4. 通断性测试

当选中电阻模式时，按两次黄色按钮可启动通断性蜂鸣器。若电阻不超过 50Ω，蜂鸣器会发出连续音，表明短路。若电表读数为 OL，则表示是开路。

5. 测量二极管

在测量二极管时，为避免受到电击或造成万用表损坏，需确保电路的电源已关闭，并将所有电容器放电。将旋转开关转至 ⌁，按黄色功能按钮一次，启动二极管测试。将红色测试导线插入 ⌁VΩ 端子，并将黑色测试导线插入 COM 端子，将红色探针接到待测的二极管的阳极，黑色探针接到阴极，在显示屏上读取正向偏压值。若测试导线的电极与二极管的电极反接，则显示屏读数会是 OL，通过这个方法区分二极管的阳极和阴极。

6. 测量电容

为避免损坏万用表，在测量电容前，需断开电路电源并将所有高压电容器放电。将旋转开关转至 ⊣⊢，将红色测试导线插入 ⌁VΩ 端子，并将黑色测试导线插入 COM 端子，将探针接触电容两端，待读数稳定后（15s 左右），从显示屏上读取测量的电容值。

10.3　数字存储示波器

示波器是一种用途十分广泛的电子测量仪器。它能把肉眼看不见的电信号变换成看得见的图像，便于人们研究各种电现象的变化过程。利用示波器能观察各种不同信号幅度随时间变化的波形曲线，还可以用它测试各种不同的电量，如电压、电流、频率、相位差、幅度等。本节将要介绍的数字存储示波器是利用数据采集、A/D转换、软件编程等一系列的技术制造出来的高性能示波器,同时带有存储功能,可以实现对波形的保存和处理。常见的数字示波器有五大功能,即采集(Capture)、显示(View)、测量(Measurement)与分析(Analyze)、存档(Document),这五大功能组成的原理框图如图 10-5 所示。

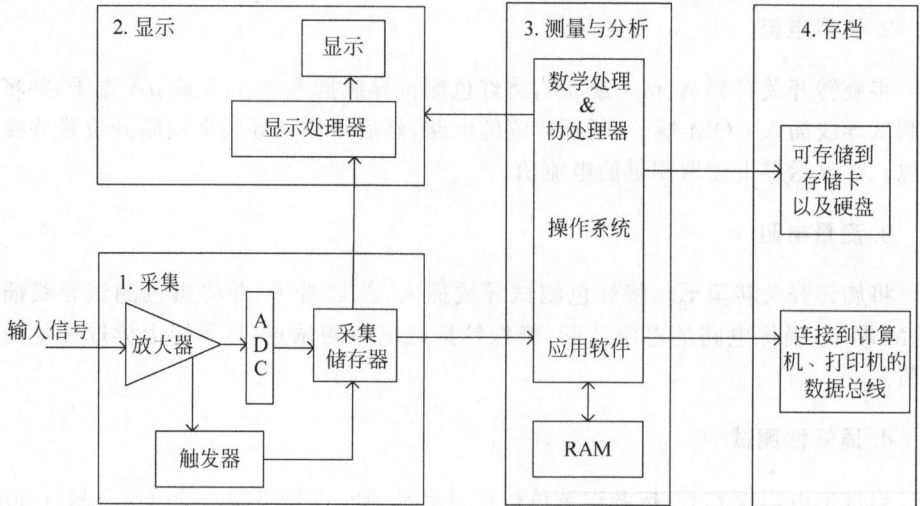

图 10-5　数字存储示波器的功能原理框图

10.3.1　硬件入门

本节以美国是德(Keysight)科技生产的数字存储示波器(DX2002A)为例。DX2002A 示波器是集示波器、20MHz 函数发生器和数字电压表多合一的测量仪器,采用 8.5 寸彩色液晶显示屏,双通道信号输入,70MHz 的输入带宽。数字化接口实现了与计算机等数字化设备的方便连接,为信号的输出及后续处理提供了方便条件。

1. 面板结构

DX2002A 示波器的前面板可分为两个部分:显示区域和功能控制区域。显示区域由 LCD 彩色液晶显示屏构成,垂直方向分 8 个格表示电压,水平方向分 10 个格表示时间,包含采集的波形、设置信息、测量结果和软键定义,如图 10-6 所示。

功能控制区域由测试通道输入接口、控制旋钮、功能选择键和功能控制键组成,其结构如图 10-7 所示。

DX2002A 示波器的后面板如图 10-8 所示。如果需要通过 PC 远程控制示波器,可以通过 LAN 端口或 USB 设备端口,其中 LAN 端口用于 PC 与示波器网络通信并使用远程前面板,需要安装 DSOXLAN LAN/VGA 模块,需在打开示波器电源之前执行此安装。USB 设备端口是将示波器连接到 PC 的端口,可以通过 PC 向示波器发送远程命令。

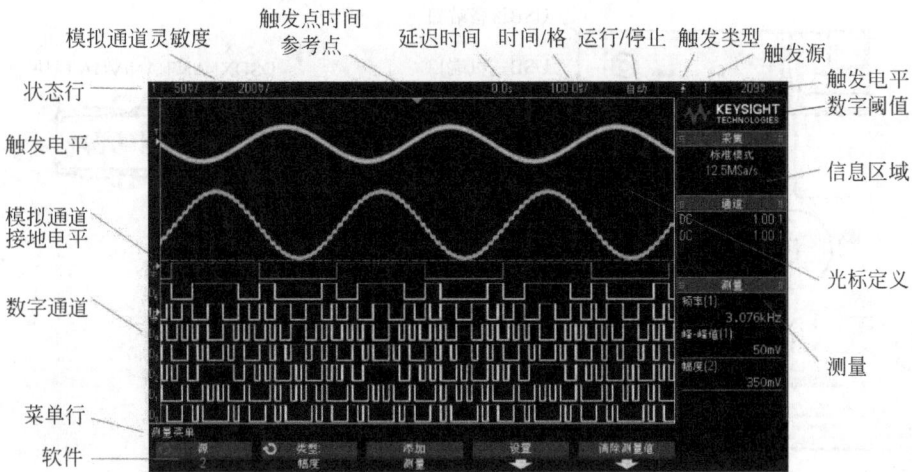

图 10-6　数字储存示波器显示屏

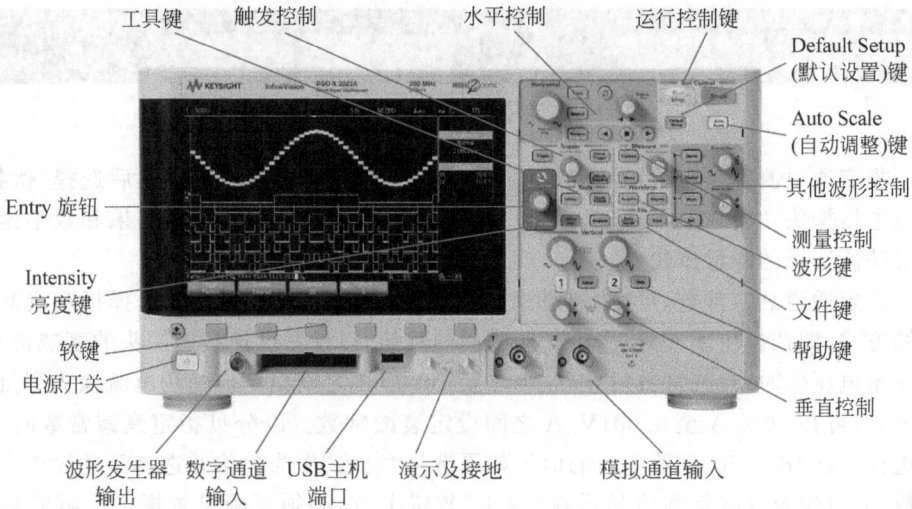

图 10-7　示波器的前面板结构图

2. 示波器探头的使用

示波器探头在测试点或信号源和示波器之间建立了一条物理连接,把信号源连接到示波器输入端。探头连接的充分程度有三个关键的指标:物理连接、对电路操作的影响和信号传输。

(1) 设置模拟通道探头

将示波器探头连接到示波器通道 BNC 连接器,将探头上的尖钩连接到所要测量的电路点或被测设备。确保将探头接地导线连接至电路的接地点。

按下探头相关的通道键,在"通道菜单"中按下"探头"软键,显示"通道探头菜单",如图 10-9 所示。此菜单可选择附加的探头参数,包括所连接探头的测量单位、

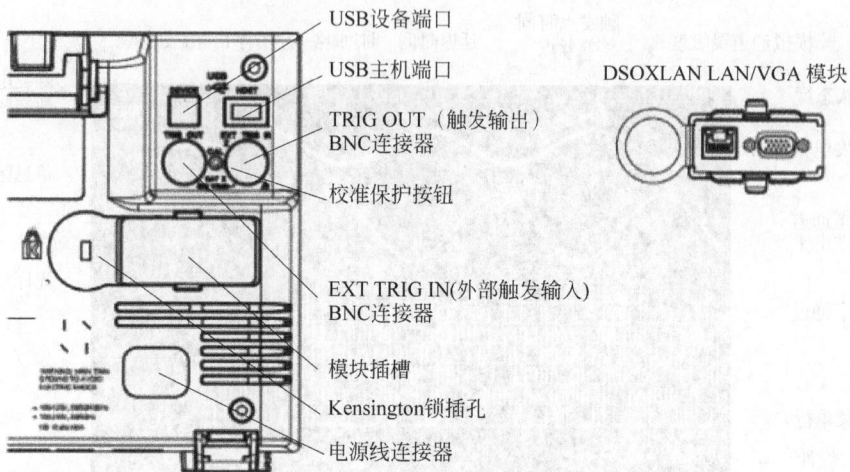

图 10-8　示波器的后面板结构图

衰减常数和探头时滞。

图 10-9　通道探头菜单

指定通道测量单位,可在"通道探头菜单"中,按下"单位"软键,然后选择"伏特"对应电压探头,"安培"对应电流探头。通道灵敏度、触发电平、测量结果和数学函数将反映所选择的测量单位。

指定通道衰减常数,可在"通道探头菜单"中,按下"探头"软键,选择指定衰减常数的方式,即选择比率或分贝。Entry(旋转)旋钮,以设置已连接的探头的衰减常数。在测量电压值时,衰减常数可在 0.1:1 至 1000:1 之间设定。使用电流探头测量电流值时,可在 10V/A 至 0.001V/A 之间设定衰减常数。以分贝指定衰减常数时,可以选择-20dB 至 60dB 范围内的值。如果选择"安培"作为单位并选择手动设置衰减常数,其单位及衰减常数将显示在"探头"软键上方,必须正确设置探头衰减常数才能获得准确的测量结果。

指定通道时滞,在"通道探头菜单"中,按下"时滞"软键,然后 Entry 旋钮选择所需的时滞值。可将每个模拟通道以 10ps 的增量调整±100ns,使总时间差值为200ns。当测量纳秒(ns)范围内的时间间隔时,电缆长度的微小差别会影响测量结果。使用时可消除任意两个通道间的电缆延迟误差。

(2) 无源探头补偿

探头补偿是对示波器探头的一个调平过程,补偿每个示波器的无源探头,与它所连接的示波器通道的输入特征匹配,一个补偿有欠缺的探头可能导致显著的测量误差。其手动探头补偿过程如下:将无源探头端部连接到 Probe Comp 端子(左侧端子),将探头接地线连接到接地端子,按下 Default Setup(默认设置)键调用默认示波器设置。按下 Auto Scale(自动调整)键,自动配置示波器,以便捕获探头补偿信号。按下探头相关的通道键,在"通道菜单"中按下"探头"软键,显示"通道探头菜单",在"通道探头菜单"中,按下"探头检查"软键,检查示波器所显示高低电平波形的形状,如图 10-10 所示,如有必要,使用非金属工具调整探头的微调电容器(探头端部的黄色调整装置),以获得尽可能平的脉冲。

　　当电压探头连接,补偿正确,且示波器衰减常数设置与探头匹配,示波器就会在屏幕上显示"无源探头检查通过"。

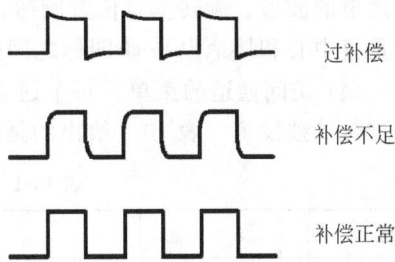

过补偿

补偿不足

补偿正常

图 10-10　示波器中可能显示的高低电平形状

10.3.2　示波器的基础功能

1. 垂直控制

　　垂直控制主要包括打开或关闭模拟通道,模拟通道的垂直定标和垂直位置控制,以及访问通道的菜单等,垂直控制的功能控制区如图 10-11 所示。

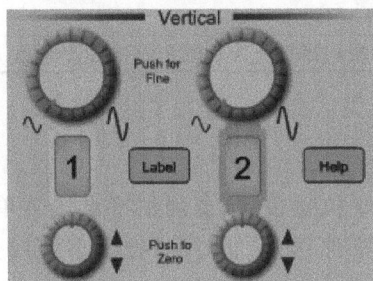

图 10-11　垂直控制部分

　　(1) 打开或关闭模拟通道。在图 10-11 中,"1"和"2"为模拟通道键,可打开或关闭通道,并显示通道的菜单,打开通道时,通道键将点亮。

　　(2) 模拟通道的垂直定标。垂直控制部分标记为 ∿ⴼ 的大旋钮可为通道设置垂直定标(伏/格),在旋转旋钮时,信号默认相对通道的接地电平垂直展开,模拟通道伏/格的值显示在显示区域的状态行中,如图 10-12 所示。

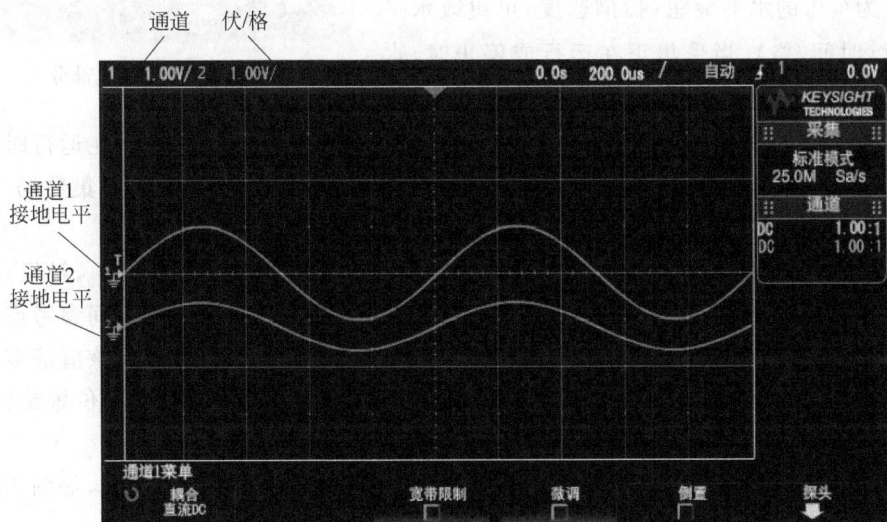

图 10-12　通道 1 菜单显示屏

（3）垂直位置控制。垂直控制部分的垂直位置旋钮✦可在显示屏向上或向下移动通道的波形。旋转垂直位置旋钮,在显示屏右上方瞬间显示的电压值表示显示屏的垂直中心和接地电平➡图标之间的电压差,按下垂直位置旋钮该值清零。

（4）访问通道的菜单。每个通道都有单独的通道菜单,每个选项对应于每个通道进行单独设置。表 10-1 给出的是通道菜单的选项内容。

表 10-1　　通道菜单的选项内容

选　　项	设　　置	注　　释
耦合	直流、交流	"直流"可显示输入信号的交流分量及直流分量,"交流"将阻止信号的直流分量,以更高的灵敏度显示信号的交流分量
带宽限制	启用、禁止	限制带宽,以便减小显示噪声,过滤信号,以便减小噪声和其他多余的高频分量,当打开带宽限制时,通道的最大带宽大约为 20MHz。对于频率比 20MHz 低的波形,可从波形中消除不必要的高频噪声
微调	启用、禁止	启用微调后,能够以较小的增量更改通道的垂直灵敏度;关闭微调后,旋转"伏/格"旋钮以 1-2-5 的步进顺序更改通道灵敏度
倒置	启用、禁止	倒置会影响通道的显示方式,开启倒置之后,所显示的波形的电压值被倒置
探头	—	可选择附加的探头参数,例如所连接探头的衰减常数和测量单位

2. 水平控制

水平控制主要包括模拟通道的水平定标及水平位置控制,访问水平设置菜单,快速启用、禁用分屏缩放显示,查找模拟通道上的事件,如导航时间、搜索事件或分段存储器采集等,水平控制的功能控制区如图 10-13 所示。

（1）模拟通道的水平定标。水平控制部分标记为◠◠◠的水平旋钮(扫描速度)可更改水平定标(时间/格),当采集正在运行或停止时,水平定标旋钮将工作(在正常时间模式中)。旋转

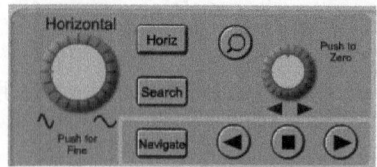

图 10-13　　水平控制部分

水平定标(扫描速度)旋钮可围绕时间参考点(▽)展开或收缩波形,在运行时,调整水平定标旋钮可更改采样率。在停止时,调整水平定标旋钮可放大采集数据。水平定标(时间/格)的值显示在显示区域的状态行中,如图 10-14 所示。

（2）水平延时(位置)控制。旋转水平控制部分的水平位置旋钮◀▶,触发点将水平移动,延迟时间值显示在状态行中,如图 10-14 所示,延迟时间指时间参考点(空心倒置三角形)距触发点(实心倒置三角形)的距离,按下水平位置旋钮该值清零,延迟时间指示器与时间参考点指示器重叠。示波器停止后,可以使用水平位置旋钮平移波形。

（3）访问水平设置的菜单。按下 Horiz 键,屏幕将显示水平设置菜单,如图 10-14 所示,表 10-2 给出的是水平设置菜单的选项内容。

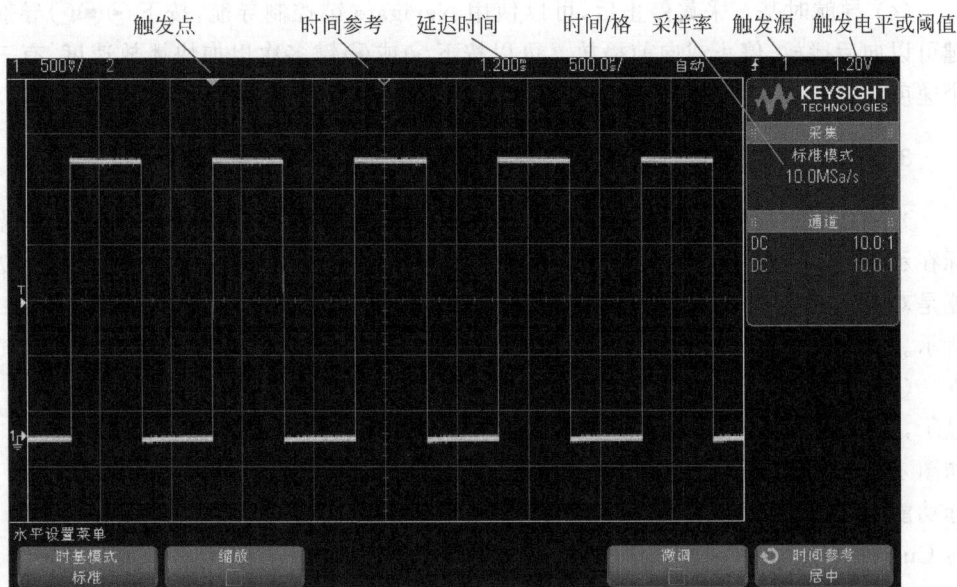

图 10-14　水平设置菜单显示屏

表 10-2　水平设置菜单的选项内容

选　　项	设　　置	注　　释
时基模式	标准、XY、滚动	"标准"模式：示波器的正常查看模式，触发前出现的信号事件被绘制在触发点的左侧（▼），而触发后的事件被绘制在触发点的右侧。 "XY"模式：可将电压-时间显示更改为电压-电压显示。通道 1 幅度在 X 轴上绘制，通道 2 幅度在 Y 轴上绘制。 "滚动"模式：使波形在屏幕上从右至左缓慢移动，只在 50 毫秒/格或更低的时基设置起作用。如果当前时基设置快于 50 毫秒/格限制，则在选择"滚动"模式时，它将设置为 50 毫秒/格。在"滚动"模式中无触发。屏幕上的固定参考点是屏幕的右边沿，指的是当前时间，已经出现的事件滚动至参考点的左边
缩放	启用、禁止	按下◎缩放键（或按下 Horiz 键，然后按下缩放软件）可以打开缩放，显示屏分为两部分，上半部分显示正常时间/格窗口，下部分显示较快的缩放时间/格窗口
微调	启用、禁止	启用微调后，能够以较小的增量更改水平定标（时间/格）关闭微调后，旋转水平定标旋钮以 1-2-5 的步进顺序更改水平定标"时间/格"
时间参考	居左、居中、居右	"居左"：从显示屏左边沿，时间参考点设置为一个主要格。 "居中"：时间参考点设置为显示屏中心。 "居右"：从显示屏右边沿，时间参考点设置为一个主要格

（4）导航时基。采集停止后，可以使用 Navigate 键控制导航，按下 ◀◼▶ 导航键可以向后播放、停止或向前播放。可以按下 ◀ 或 ▶ 键多次以加快播放速度，有三个速度级别。

3. 光标与测量功能

光标是水平和垂直的标记，表示所选波形源上的 X 轴值和 Y 轴值。可以使用光标在示波器信号上进行自定义电压测量、时间测量、相位测量或比例测量。测量功能是对波形进行自动测量。其功能控制区如图 10-15 所示。

图 10-15　光标与测量部分

（1）光标功能。将信号连接到示波器并获得稳定的显示，按下 Cursors（光标）键显示测量光标和光标菜单，如图 10-16 所示，右侧信息区域中显示"光标"框，表示光标功能已打开，要关闭光标，可再次按下 Cursors 键，旋转 Cursors 旋钮可以调整光标位置。

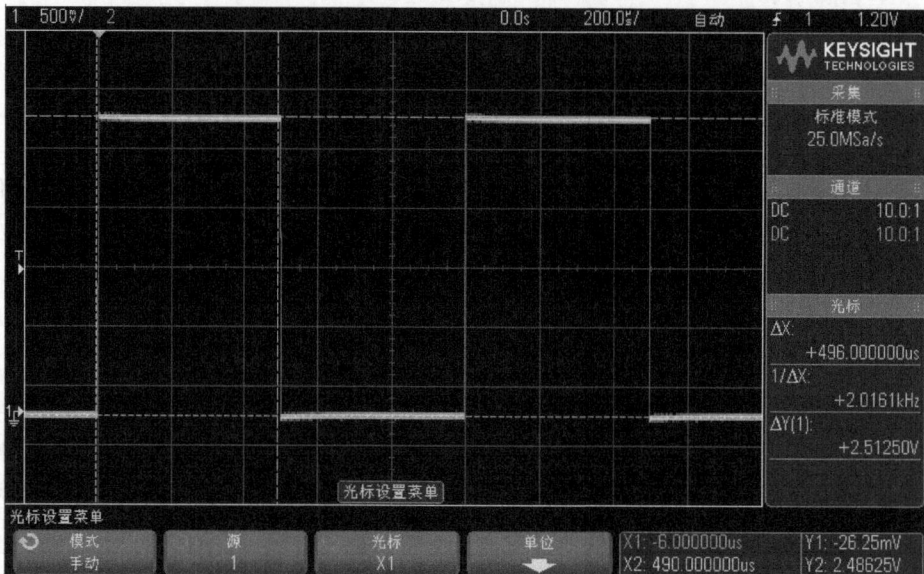

图 10-16　光标显示屏

X 光标是水平调整的垂直虚线，用于测量时间、频率、相位和比例。X1 光标是垂直短虚线，X2 光标是垂直长虚线。当使用 FFT 数学函数作为源时，X 光标指示频率。在 XY 水平模式中，X 光标显示通道 1 的值（伏特或安培）。所选波形源的 X1 和 X2 光标值显示在软键菜单区域中。X1 和 X2 之间的差（ΔX）以及 1/ΔX 显示在右侧信息区域的"光标"框中。

Y 光标是垂直调整的水平虚线，用于测量伏特或安培（具体取决于通道探头单位设置）或测量比例。使用数学函数作为源时，测量单位对应于该数学函数。Y1 光标是水平短虚线,Y2 光标是水平长虚线。Y 光标垂直调整并通常指示与波形接地点的相对值,在 XY 水平模式中,Y 光标显示通道 2 的值(伏特或安培)。所选波形源的 Y1 和 Y2 光标值显示在软键菜单区域中。Y1 和 Y2 之间的差(ΔY)显示在右侧信息区域的"光标"框中。表 10-3 给出的是光标菜单的选项内容。

表 10-3　光标设置菜单的选项内容

选　项	设　置	注　释
模式	手动、追踪模式、二进制、十六进制	手动:显示 ΔX、1/ΔX 和 ΔY 值,ΔX 是 X1 和 X2 光标之间的差,ΔY 是 Y1 和 Y2 光标之间的差。 追踪模式:水平移动标记时,追踪测量波形的垂直幅度。显示标记的时间和电压位置。标记之间的垂直(Y)和水平(X)差显示为 ΔX 和 ΔY 值。 二进制和十六进制:适用于数字信号
源	1、2、数学函数、参考波形 1、参考波形 2	选择光标值的输入源
光标	X1、X2、X1X2 锁定、Y1、Y2、Y1Y2 锁定	选择要调整的光标,可以旋转"光标"旋钮调整选定光标位置
单位		"光标单位菜单"中,可以按 X 单位软键来选择:秒(s)、Hz(1/s)、相位(°)、比例(%)

(2) 测量功能。使用 Meas(测量)键可以对波形自动测量,如图 10-17 所示,所有测量适用于模拟通道波形,表 10-4 给出测量菜单的选项内容。要关闭,可以再次按 Meas(测量)键。

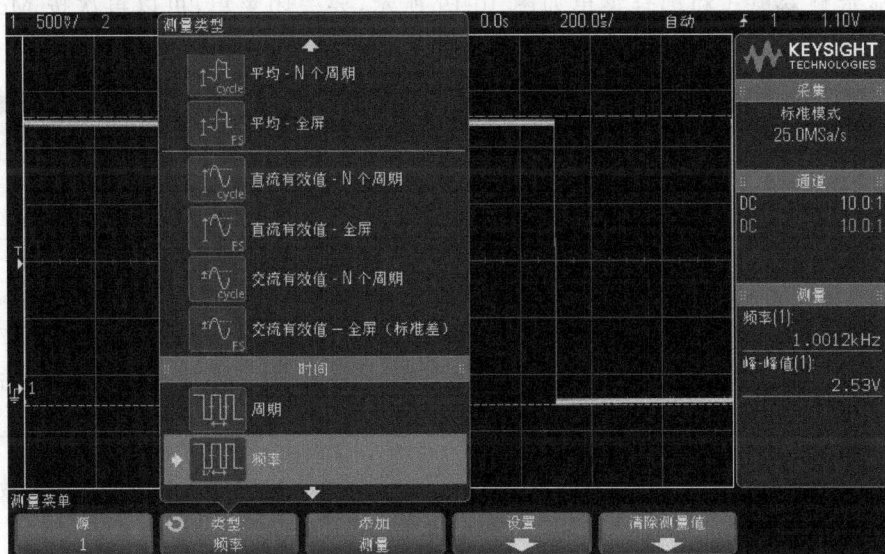

图 10-17　测量显示屏

表 10-4　测量设置菜单的选项内容

选　项	设　置	注　释
源	1、2、数学函数、参考波形 1、参考波形 2	选择要进行测量的通道、正在运行的数学函数或参考波形,只有显示的通道、数学函数或参考波形可以用于测量
类型	全部快照、电压测量、时间测量	可以通过旋转 Entry 旋钮选择要进行测量的类型
添加测量		按下添加测量软件或按 Entry 旋钮可显示测量信息
设置		可以在一些测量上进行附加测量设置
清除测量		需要停止一项或多项测量

4. 触发设置

触发设置包括设置触发电平、设置触发模式和耦合、强制触发、选择触发类型等功能。其功能控制区如图 10-18 所示。

(1)设置触发电平。通过旋转触发电平旋钮可调整所选模拟通道的触发电平,按下触发电平旋钮可将电平设置为波形的 50%,在 AC 耦合模式下,按下触发电平按钮将触发设置为 0V,模拟通道的触发电平位置由显示屏最左侧的触发电平图标 $\mathbf{T_b}$ 指示,触发电平的值显示在显示屏的右上角。通过 Analyze(分析)菜单

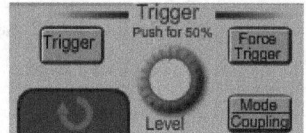

图 10-18　触发设置部分

下的功能软件,选择触发电平,也可更改所有通道的触发电平。

(2)设置触发模式和耦合。在触发设置区域按下 Mode/Coupling(模式/耦合)键,显示触发模式和耦合菜单如图 10-19 所示,要关闭菜单,可以再次按 Mode/Coupling(模式/耦合)键。表 10-5 给出触发模式和耦合菜单的选项内容。

图 10-19　触发模式和耦合菜单

表 10-5　触发模式和耦合菜单的选项内容

选　项	设　置	注　释
触发模式	标准、自动	标准:只有在找到指定的触发条件时才会进行触发和采集。 自动:如果未找到指定的触发条件,则强制进行触发,并进行采集,以便在示波器上显示信号
耦合	直流 DC、交流 AC、低频抑制	直流 DC:允许 DC 和 AC 信号进入触发路径。 交流 AC:将 10Hz 高通滤波器放置在触发路径中,从触发波形中去除任何 DC 偏移电压。 低频抑制:从触发波形中移除任何不必要的低频率分量。 触发耦合与通道耦合无关

选　项	设　置	注　释
噪声抑制	开、关	噪声抑制给触发电路增加额外的滞后。通过增加触发滞后,可降低噪声触发的可能性
高频抑制	开、关	触发路径中添加 50kHz 低通滤波器,从触发波形中移除高频分量
释抑		按下释抑软键,旋转 Entry 旋钮以增大或减小触发释抑时间
外部		外部触发 BNC 输入位于后面板上,标记为 EXT TRIG IN

(3) 强制触发。按下 Force Trigger(强制触发)键,强制触发发生并显示采集结果。在标准触发模式下,只有满足触发条件时才会进行采集,如果没有发生任何触发,即显示屏显示"触发?",可以按下 Force Trigger(强制触发)键强制进行触发并查看信号。在自动触发模式下,如果触发条件不满足,即显示"自动?",并强制进行触发并查看信号。

(4) 选择触发类型。按下 Trigger(触发)键可以选择触发类型,包括边沿、脉冲宽度、码型和视频四种触发类型。这里以边沿触发为例介绍。边沿触发类型通过查找波形上特定的沿(斜率)和电压电平而识别触发,可以在触发菜单中定义触发源和斜率,触发源可以选择 1、2 通道,外部、工频、波形发生器或波形发生器调制,斜率可以选择上升沿、下降沿、交变沿或任意沿。在示波器上设置边沿触发的最简单方式是使用自动设置,按下 AutoScale(自动设置)键,示波器将使用最简单的边沿触发类型在波形上触发。

5. 显示设置

显示设置主要包括设置或清除余辉,清除显示,调整网格亮度,调整波形亮度等功能,其功能控制区如图 10-20 所示。

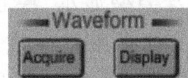

图 10-20　波形设置部分

按下 Display(显示)键显示设置菜单,如图 10-21 所示。要关闭菜单,可以再次按 Display(显示)键。表 10-6 给出显示设置菜单的选项内容。

图 10-21　显示设置菜单

表 10-6　显示设置菜单的选项内容

选　项	设　置	注　释
余晖	关、∞余晖、可变余晖	关:余晖关闭后,按下捕获波形软键可执行单冲无限余晖。将以降低的亮度显示单个采集的数据,该数据将保留在显示屏上,直到按下清除余晖、清除显示为止。 ∞余晖:不清除之前的采集的结果。 可变余晖:选择可变余晖后,按下时间软键,使用 Entry 旋钮可设定显示之前采集的时间

选　项	设　置	注　释
时间	时间值	使用 Entry 旋钮可设定显示之前采集的时间
清除余晖		从显示中清除之前采集的结果,示波器将再次开始累积采集
清除显示		清除显示波形
网格亮度		选中视频触发类型时,可以使用 Entry 旋钮选择网格类型
亮度		使用 Entry 旋钮可更改显示网格的亮度

示波器显示的波形也可以进行调节,按下 Intensity(亮度)键使其亮起,旋转 Entry 旋钮可以调整波形亮度,波形亮度调整只影响模拟通道波形,不会影响数学波形、参考波形等。

6. 采集控制

采集控制包括运行控制(运行、停止和进行单次采集),选择采集模式等功能。其功能控制区如图 10-22 所示。

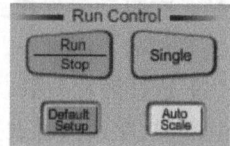

图 10-22　运行控制部分

(1) 运行控制。停止示波器的采集系统可以通过 Run/Stop(运行/停止)键和 Single(单次)键实现,当 Run/Stop(运行/停止)键是绿色时,表示示波器正在运行,即符合触发条件,正在采集数据,当 Run/Stop(运行/停止)键是红色时,表示数据采集停止。显示屏顶端状态行中触发类型显示"停止"。要捕获并显示单次采集,可以按下 Single(单次)键。

(2) 选择采集模式。选择示波器采集模式时,应注意通常以较慢的时间/格设置采集,按下 Acquire(采集)键,显示采集菜单如图 10-23 所示。

图 10-23　采集设置菜单

采集模式可以选择标准模式、峰值模式、平均模式和高分辨率。标准模式是在较慢的时间/格设置下进行正常采集,不进行平均值计算,对大多数波形使用此模式。峰值模式是在较慢的时间/格设置下,存储有效采样周期中的最大采样值和最小采样值。平均模式是在所有时间/格设置下,对指定的触发数进行平均值计算,使用此模式可减小噪声,增大周期性信号的分辨率,而不会降低带宽或上升时间,按下平均软键并旋转 Entry 旋钮,用来设置最有效消除显示波形噪声的平均数目。高分辨率在较慢的时间/格设置下,对有效采样周期中的所有采样进行平均值计算,并存储平均值,使用此模式减小随机噪声。

7. 自动定标和缺省设置

使用 Auto Scale(自动设置)键可将示波器自动配置为对输入信号显示最佳效

果。如图 10-22 所示,按下 Auto Scale(自动设置)键可以调用自动定标菜单,自动定标分析每个通道上以及外部触发输入中的任何波形,可查找、打开和定标具有至少 25Hz 的频率、大于 0.5% 的占空比和至少 10mV 峰峰电压幅度的波形的任何通道,任何不满足这些要求的通道将会被关闭。

按下 Default Setup(默认设置)键可恢复示波器的默认设置,表 10-7 给出了主要的默认设置。

表 10-7　示波器的默认设置

选项	设　　置
水平	正常模式 100μs/格定标,0s 延迟,中心时间参考点
垂直	通道 1 打开,5V/格定标,DC 耦合,0V 位置
触发	边沿触发、自动触发模式、0V 电平、通道 1 源、DC 耦合、上升沿斜率、40ns 释抑时间
显示	余辉关闭,20% 网格亮度
其他	采集模式为正常、对 Run/Stop(运行/停止)键的选择为 Run(运行)、光标和测量关闭
标签	在标签库中创建的所有自定义标签都将保存(不擦除),通道标签设置为原始名称

在示波器的使用过程中,长按前面板的各功能软键,显示屏会显示其功能介绍。按下 Help(帮助)软键,在帮助菜单中可以设置屏幕显示语言。

10.3.3　示波器的高级功能

1. 数学波形

数学波形包括:显示数学波形、在算数运算上执行转换函数、调整数学函数波形定标等功能。数学函数可以在模拟通道上执行,所产生的数学波形以紫色显示,即使选择不在屏幕上显示,也可以在通道上使用数学函数,其功能控制区如图 10-24 所示。

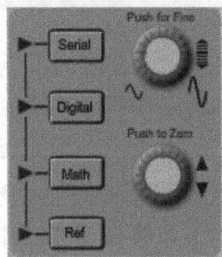

图 10-24　高级功能控制部分

(1) 显示数学波形。按下前面板上的 Math(数学)键以显示波形数学函数菜单,如图 10-25 所示。显示屏上显示出数学函数结果后,即可关闭模拟通道,以便更好地查看数学波形,可以使用 Cursor(光标)键和 Meas(测量)键测量数学函数波形。如果模拟通道或者数学函数被消波(未完全显示在屏幕上),数学函数结果也会被消波。

图 10-25　数学函数设置菜单

使用算子软键可以选择运算或转换,包括加、减、乘、除及 FFT 转换(快速傅里叶变换),可以使用"探头菜单"的单位软键设置通道单位为伏特或安培,对应的数学函数波形单位包括:加或减为伏或安,乘为 V^2,A^2 或 W,FFT 转换为 dB。

(2) 在算数运算上执行转换函数。首先可以按下 Math(数学)键选择数学函数为 $g(t)$ 内部,使用算子、函数源 1 和函数源 2 软键设置数学运算,然后按下 Math(数学)键选择数学函数为 $f(t)$ 已显示,使用算子软键选择 FFT 转换,并按下函数源 1 软键选择 $g(t)$ 作为源,即在数学运算上执行转换函数。

(3) 调整数学函数波形定标和偏移。按下 Math(数学)键,使软键左侧箭头点亮,即可以使用软键右侧的定标旋钮和位置旋钮设置数学函数波形的大小和位置,定标值和位置偏移值显示在数学函数设置菜单的上方,如图 10-25 所示。

2. 参考波形

参考波形包括:将波形保存到参考波形、显示参考波形、对参考波形定标和定位,调整参考波形时差、显示参考波形信息等功能。将模拟通道或者数学函数波形保存到一个参考波形位置中,然后可以显示参考波形并与其他波形进行比较,一次显示一个参考波形。其功能控制区如图 10-24 所示。

(1) 将波形保存到参考波形。按下 Ref(参考波形)键,显示参考波形菜单,如图 10-26 所示,按下显示 Ref 软键,可以旋转 Entry 旋钮为 R1,按下源软键可以选择源波形,按下保存至 R1 软键可将源波形保存到参考波形 1 中,按下清除 R1 即可清除参考波形,设置参考波形 2 可以采用上述相同方法。

参考波形菜单					
显示 Ref: R1	源 1	保存至 R1	清除 R1	时差 0.0s	选项 ↓

图 10-26 参考波形显示菜单

(2) 显示参考波形。可以通过显示 Ref 软键启用/禁用参考波形显示。

(3) 对参考波形定标和定位。按下 Ref(参考波形)键,使软键左侧箭头点亮,即可以使用软键右侧的定标旋钮和位置旋钮设置参考波形的大小和位置。

(4) 调整参考波形时差。按下 Ref(参考波形)键,按下时差软键,然后旋转 Entry 旋钮可以调整参考波形时差。

(5) 显示参考波形信息。按下 Ref(参考波形)键,按下选项软键,可以通过显示信息软键在显示屏上启用/禁用参考波形信息,波形信息会显示在曲线下方。通过透明软键可以启用/禁用信息背景。

3. 培训信号

示波器可以对一些典型信号进行测量,将探头接到 Demo1 端子上,按下 Help(帮助)软键后,通过按下培训信号软键进入培训信号设置菜单,如图 10-27 所示,培训可以提供包括正弦波等 14 种典型波形,旋转 Entry 旋钮旋转需要的波形,按下输出软键,即可用探头测得该波形。

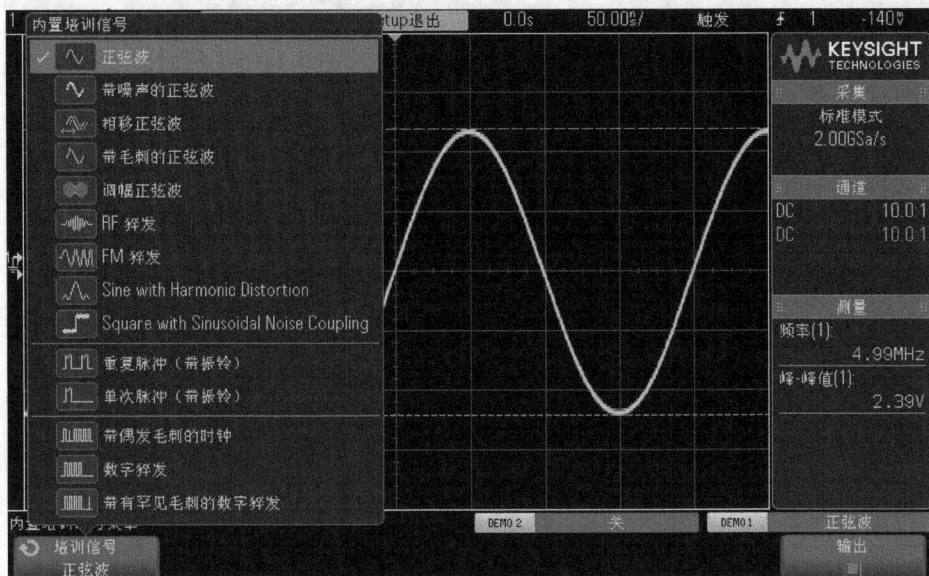

图 10-27　培训信号设置菜单

10.3.4　示波器 Web 界面

数字存储示波器如果装有 DSOXLAN LAN/VGA 选件模块,则可以使用 Web 浏览器访问示波器的内置 Web 浏览器。建议使用 Microsoft Internet Explorer 作为 Web 浏览器对示波器进行通信和控制。该 Web 浏览器必须支持 Java,并具有 Sun Microsystems Java 插件。使用示波器的 Web 界面可以查看有关示波器的信息,如型号、序列号、主机名、IP 地址和 VISA(地址)连接字符串,使用远程前面板控制示波器。保存设置、屏幕图像、波形数据和模板文件。调用设置文件、参考波形数据文件或模板文件。获取屏幕图像并从浏览器保存或打印这些图像。激活标识功能以标识特定仪器。查看和修改示波器的网络配置。

1. 将示波器连接到 LAN

示波器断电安装 DSOXLAN LAN/VGA 模块后,通过将 LAN 电缆插入示波器后面板上的 LAN 端口将示波器连接到网络中,并设置其 LAN 连接。示波器支持自动配置 LAN 和手动配置 LAN 的方法。按下 Utility(系统设置)键进入设置系统菜单,按下 I/O 软键,进入输入输出菜单,如图 10-28 所示,屏幕中显示当前示波器的 IP 地址及 Host name 信息。

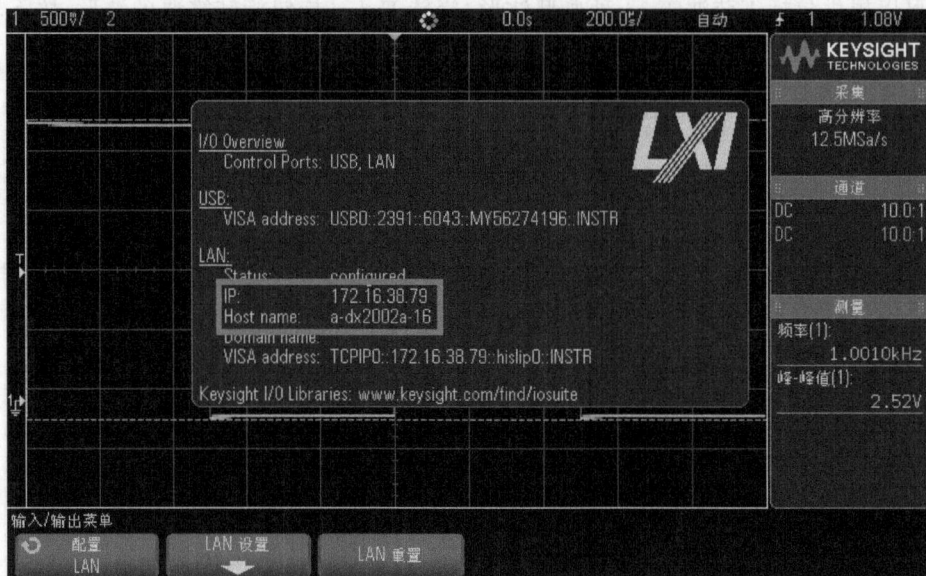

图 10-28　输入输出菜单

按下 LAN 设置软键后可配置 LAN、修改地址和主机名,按下配置 LAN 软键中启用"自动",若未启用"自动",则必须使用地址和主机名软键手动设置示波器的 LAN 配置,实验室选择 a-dx2002a-台号为每个示波器命名。示波器将在几分钟后自动连接到网络。如果示波器没有自动连接到网络,可按下 Utility(系统设置)键→I/O 软键→LAN 软键复位。示波器将在几分钟后连接到网络。

2. 访问 Web 界面

在 Web 浏览器中输入图 10-28 中示波器的主机名或 IP 地址。将显示示波器的 Web 界面 Welcome 页,如图 10-29 所示。

在设备中定位特定仪器时,在示波器的 Web 界面 Welcome 页中,选中 Identification on 单选按钮,Identify 消息将显示在示波器上。

在 Web 界面选择 Browser Web Control 选项卡,可以调用基于浏览器的远程前面板(Remote Front Panel),如图 10-30 所示,通过远程前面板操作示波器的按键和旋钮,具体操作和本地控制一样,值得注意的是本地控制的优先级要高于远程操作,远程前面板操作时,示波器的图像显示会有时间滞后。

在 Web 界面选择 Save/Recall 选项卡,可以将文件、屏幕图像、波形数据、列表程序数据或模板文件保存到 PC,也可以从 PC 调用可读文件。对于屏幕图像还可以在 Web 界面选择 Get Image 选项卡,几秒钟后即可显示示波器的当前屏幕图像,选择 Invert Graticule 可以反白示波器显示图像底色,可以通过右键单击该图像并选择"图像另存为",即可保存示波器图像,如图 10-31 所示。

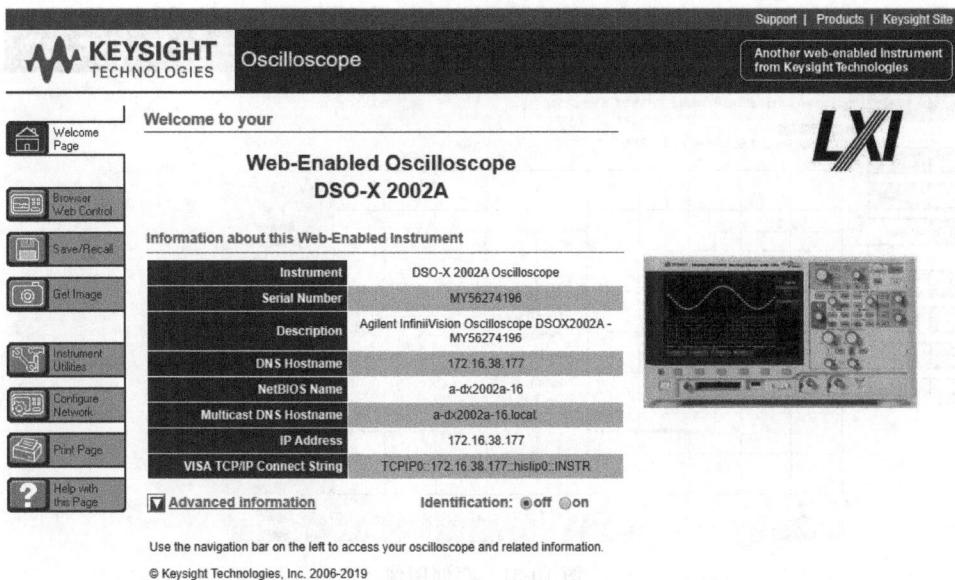

图 10-29 示波器的 Web 界面 Welcome 页

图 10-30 基于浏览器的远程前面板

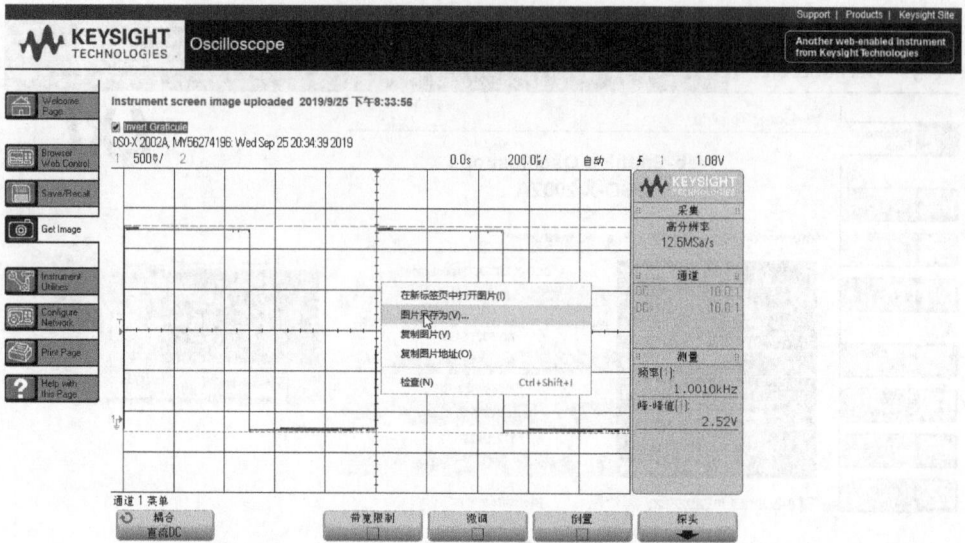

图 10-31　存储图像

第11章

实验报告

11.1 实验要求

11.1.1 实验要求及评分标准

自动化实验室的实验内容较多、较新,实验系统也比较复杂,系统性较强。实验是理论教学的重要补充和继续,而理论教学则是实验教学的基础。学生在实验中应学会运用所学的理论知识去分析和解决实际系统中出现的各种问题,提高动手能力;同时通过实验来验证理论,促使理论和实践相结合,使认识不断提高、深化。实验的基本要求如下。

1. 预习要求

(1) 学生在进行实验前应复习《自动控制原理》教材中的有关内容,认真阅读实验指导书及与实验有关的参考资料,明确实验要求,做好准备。

(2) 认真填写实验指导书中的基础预习题。

(3) 实验预习要求对实验的内容和方法等进行充分讨论,预习应包括以下几个部分:

① 实验目的。

② 实验内容。

③ 实验接线图。

④ 实验步骤。

⑤ 注意事项。

预习应在实验前完成,经教师审查同意后方可进行实验,预习不符合要求的同学不能参加实验。

2. 实验要求

(1) 学生应按时到达实验室。在辅导教师宣布开始实验后,按预习布置设备、接线。凡在某一项实验中暂时不用的设备、仪表应整理好放在一边,以免用错,发生意外。实验台或仪器设备上不能放书包、衣服、水杯等物品。

（2）接线须整齐、清楚，力求简单、避免交叉。导线的长短、粗细选择应合适。一个接线柱上最多接两根线，以免导线松脱。线路布置（仪器摆放，接线等）应文明、安全，便于检查和操作。仪表位置应正确，便于准确读数。

（3）接线完毕，组内应互相认真检查，且每个成员对全部线路都应掌握。实验中不用的导线应整理好放回原处。强电实验请辅导教师检查，未经教师检查和同意不得进行实验。

（4）打开总电源前，要检查有关的设备或仪器、仪表等各调节量的调节端或滑块等（调压器、变阻器等）是否在适当的位置。在调节负载或改变电阻、电压、转速等量时，必须考虑到其他量的变化关系，随时注意其他量是否超过额定值，全组同学应明确分工、统一指挥，以免发生因配合不当而使设备过载乃至损坏的事故。

（5）原始记录中应包括实验日期、小组成员及实验数据（包括实验保持条件等）。记录数据要清晰，尽量避免涂改。对所作记录应随时检查，以免事后返工。实验内容完成后，组内应先检查所记录的数据，确信合理后再将原始记录送交教师审查，教师认可后方能拆线。实验数据不符合要求的应返工重做。实验结束后，学生应将拆下的导线及电压、电流插头等整理好并放归原处，并请教师在记录上签字。签字后的原始记录不得再随意涂改。

（6）在操作过程中，如果发生故障，应首先停止实验，然后在教师的帮助下，学习判断分析故障原因和排除方法。如果发生事故，当事人要按时交出事故报告，以便实验室查明情况，酌情处理。

（7）实验中应注意安全。

① 实验时禁止身体接触有电线路的裸露部分和设备的转动部分，以免发生人身伤害事故。

② 接线时，后接电源线；拆线时，须先切断电源；严禁带电改接线。通电前须通知全组成员；调节时不应过猛。

③ 机器运转后，小组成员不得远离机器。一旦发生事故，应立即切断电源，保持除电源刀闸外的一切现场，并报告辅导教师处理。

（8）实验结束后，整齐摆放仪器、仪表、导线等实验工具，整理实验台卫生。

3. 实验报告要求

（1）实验报告应按实验指导书的要求根据原始记录做出，于规定时间交到辅导教师处。

（2）实验报告由个人独立完成，每人一份。报告要有经辅导教师签字后的原始记录。无原始记录的报告无效。报告应字迹整齐，数据、曲线等符合要求。

（3）实验报告。

① 按照实验指导书中的报告要求完成实验报告。

② 实验总结：对实验结果和实验中的现象进行简练明确的分析并做出结论或

评价,分析应着重于物理概念的探讨,也可以利用数学公式、向量图、曲线等帮助说明问题;对本小组和本人在实验过程中的经验、教训、体会、收获等进行必要小结。

③ 对改进实验内容、安排、方法、设备等的建议和设想(此部分可选做)。

(4) 对数据处理的具体要求。

① 将原始记录中要用到的数据整理后列表,并写明其实验条件,需要计算的数据加以计算后列入表中,同时说明所用的计算公式并以其中一点数据代入来说明计算过程。

② 计算参数或性能等时,要先列出公式,然后代入数字,直接写出计算结果(中间计算过程可略去)。计算的有效位数以仪表的有效位数为准。若计算曲线上的点,则也应按此要求以一点为例代入数字,其他各点可将结果直接填入表中。

③ 对绘制曲线的要求:

- 绘制曲线可选用坐标纸。使用时曲线在方格纸上的位置、大小应适中,不要太小且偏于一方。需要比较的各条曲线应画在同一方格纸上。
- 各坐标轴应标明所代表物理量的名称和单位,所用比例尺应方便作图与读数,不要采用诸如"1∶3""1∶6""1∶7"等不方便的比例尺。
- 实验测取的点应明确标记在报告上(可用·、×、。等符号来表示),但曲线必须光滑连接,不允许连成折线,更不允许徒手绘制。各曲线旁边应注明函数关系和实验条件。
- 多条曲线画在同一图中时,不同曲线及其实验所得的点可用不同的线段(如实线、虚线、点画线)及符号(见上一点要求)来表示。

实验成绩由预习报告、实验操作、实验报告三部分成绩组成,所占权重为 10%、60%、30%。

11.1.2　实验调试及测试数据处理

1. 测量

测量是对事物的某种特性获得的表征。例如测得某物体的长度、重量后对该物体有了初步的认识。一般测量可分为以下几种。

(1) 直接测量。

使被测参数与作为标准的量值直接比较,或用标准定好的仪器进行测量,从而直接(不用数学换算式)求得被测参数。

(2) 间接测量。

被测参数是某个变量或某几个变量的函数,不能直接测得,需要分别对各个变量进行直接测量,再将测得的数据分别代入关系式中进行计算,求出被测参数。例如,用热电耦测量温度,实际上是先测出热电势值再换算成温度。

(3) 静态测量。

在静态测量过程中被测量的量是不变的,如测量物体长度等。

（4）动态测量。

在测量过程中被测量的量是变化的，例如给某一控制系统阶跃输入后测其输出响应。

2. 误差的定义及分类

用实验方法对系统性能进行研究时，测量得到的数值一般与真值总是存在差异，该差异称为误差。实验中的误差是很难完全避免的，但随着测试手段精密程度的改进和测量者技术水平的提高，以及测量环境的改善，可以减少误差，或者减少误差的影响，提高实验准确程度。这里介绍误差分析和数据处理的目的，就是为了提高学生排除或减少误差的能力，掌握正确处理实验数据，获得更接近真值的最佳值方法。

（1）误差的概念。

误差 Δ，等于测量值 x 与真值 a 之差，即

$$\Delta = x - a$$

为了计算出误差，就必须知道真值。真值是客观存在的实际值，严格地说，是某一时刻和某一位置或状态下测量对象的某一物理量的实际值，是与时间、地点、条件有关的。所以通常误差是测量值与理论真值或相对真值相比得到的。

误差的大小，通常用绝对误差或相对误差来描述。绝对误差反映了测量值的偏差大小，它的单位与设定值单位相同。但绝对误差往往不能反映测量的可信程度，所以工程上一般采用相对误差——绝对误差 Δ 与真值 a 的比值，即单位真值的误差：

$$\delta = \frac{x - a}{a} \times 100\%$$

用来说明测量值的准确度和可信程度。

（2）误差的分类及其处理。

误差的分类方法很多，按其产生原因和性质的不同，可以分为系统性误差、偶然性误差和粗差三种。

系统性误差是按某一确定规律变化的误差。即在同一条件下进行多次测量时，绝对值和符号均保持不变的误差，或条件改变时，按某一规律改变的误差。这类误差，如果能找到产生误差的原因或误差的变化规律，是不难加以消除或修正的。如果能确定系统性误差的大小和方向，则可以用修正的办法找真值，即

真值＝测量值－修正值

偶然性误差（随机误差）是指在条件不变的情况下进行多次测量时，误差的绝对值和符号变化没有确定规律的误差，例如刻度盘刻线不够均匀一致，读数时对估计读数有时偏大有时偏小，测量环境受到偶然性的干扰等，这些都会引起偶然性误差。通常所说的实验误差，实际上多数指的是偶然性误差。

　　偶然性误差难以排除,但可以用改进测量方法和数据处理方法来减少对测量结果的影响。例如,用多次测量取平均值配合增量法,可以使偶然性误差相互抵消一部分,得到最佳值,以及根据随机误差的分布规律、估算标准误差等。

　　粗差指测量结果的明显误差。例如,测错(如对错了基准线)、读错(如 1.03 读成了 1.30)、记错、实验条件未达到预期要求(如温度未达到要求)等,这些由于疏忽大意、操作不当或设备出了故障而引起明显不合理的错值或异常值,通常都可以从测量结果中加以剔除。我们讨论的误差,一般不包括这类粗差,但强调,应该慎重地判明确属粗差,才能将之剔除。

　　(3) 实验精度、精密度、准确度、精确度。

　　控制系统特性实验中所测得的数据都是近似数,因为无论是测量静态指标,还是测量动态指标都不是绝对精确,其本身的精度是有限的。

　　所谓精度,实际指的是不精确度或不准确度。例如某实验有 0.1% 的误差,我们可以笼统地说此实验的精度为 10^{-3},即指其不准确度不会超出 10^{-3}。它应包括三种不同的含义。

　　① 精密度。反映随机误差的大小。它指的是一种仪器、测量方法的精密程度。如图 11-1(a)所示,实验值(以 • 表示)与理论值(以直线表示)相比很分散,就是精密度不好。

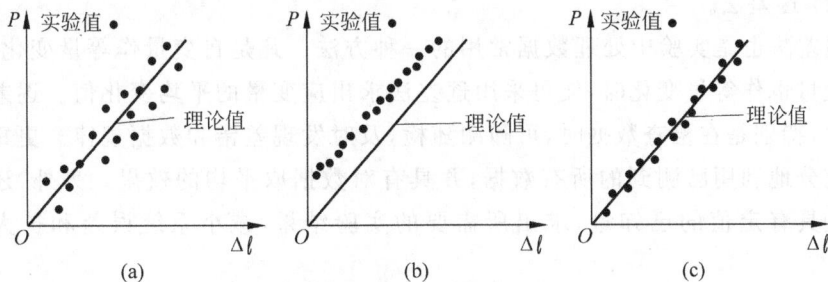

图 11-1　实验拟合曲线

　　② 准确度。反映系统性误差的大小。它指的是测量的正确程度。如图 11-1(b)所示,测量值很集中(精密度好),但整体比理论值偏离一个距离,所以准确度不好。

　　③ 精确度。反映随机误差与系统误差的合成(总和)。如图 11-1(c)所示,测量值既很集中,又和理论值很靠近,就是其精确度好。

　　仪器和设备的精密度,一般在鉴定书或说明书上都有注明。也可以取最小刻度的一半作为一次测量可能的最大误差,故常把每一最小刻度值作为其精密度,这里所指的实际是其分辨能力,即灵敏度。

　　因此,在设计实验时,应根据实验要求,选择有足够精密度的仪器和设备,并选择合适的量程(最好使用满量程的 50%～80%),以最好地利用其精密度;在实验中,正确地使用、操作和读数,才能得到尽可能好的精确度。

3. 实验结果处理

（1）列表法。

列表法是记录和处理实验数据的基本方法，也是其他实验数据处理方法的基础。一般将实验数据列成适当的表格，就可以清楚地反映出有关物理量之间的对应关系，这样既有助于及时发现和检查实验中存在的问题，判断测量结果的合理性，又有助于分析实验结果，找出有关物理量之间存在的规律性。一个好的数据表可以提高数据处理的效率，减少或避免错误，所以一定要养成列表记录和处理数据的习惯。

（2）作图法。

利用实验数据，将实验中物理量之间的函数关系用几何图线表示出来，这种方法称为作图法。作图法是一种被广泛用来处理实验数据的方法，它不仅能简明、直观、形象地显示物理量之间的关系，而且有助于我们研究物理量之间的变化规律，找出定量的函数关系或得到所求的参量。同时，所作的图线对测量数据起到取平均的作用，从而减小随机误差的影响。此外，还可以做出仪器的校正曲线，帮助发现实验中的某些测量错误等。因此，作图法不仅是一个数据处理方法，而且是实验方法中不可分割的部分。

（3）逐差法。

逐差法也是实验中处理数据常用的一种方法。凡是自变量作等量变化，而引起应变量也作等量变化时，便可采用逐差法求出应变量的平均变化值。逐差法计算简便，特别是在检查数据时，可随测随检，及时发现差错和数据规律。更重要的是可充分地利用已测到的所有数据，并具有对数据取平均的效果。另外，还可绕过一些具有定值的已知量，求出所需要的实验结果，减小系统误差和扩大测量范围。

（4）最小二乘法。

把实验的结果画成图表固然可以表示出规律，但是图表的表示往往不如用函数表示来得明确和方便，所以我们希望从实验的数据求经验方程，也称为方程的回归问题，变量之间的相关函数关系称为回归方程。

最小二乘法原理如下。设：

$$b_i = x_i - \bar{x} \quad (i=1,2,\cdots,n)$$

这里统称 b_i 为残差（或第 i 次测量值 x_i 与算术平均值 $\bar{x}$ 的偏差）。可以证明，上式表达方式组合得到的残差二次方和，比其他方式组合的偏差二次方和都小，各次测量值与算术平均值之偏差的二次方和为最小，又因为每一偏差二次方都是正值，所以又证明了各测量值与算术平均值之差为最小，亦即算术平均值为最佳值。

11.2　基础实验报告

11.2.1　【实验一】　控制系统典型环节的模拟

实验日期：＿＿＿＿实验台号：＿＿＿＿班级：＿＿＿＿　姓名：＿＿＿＿　学号：＿＿＿＿

1. 报告要求

画出四种典型环节的实验电路图,并标注相应的参数,将示波器中显示的图像粘贴到对应的环节处,并分析参数的变化对响应曲线的影响,与仿真实验所得结果进行比较分析。

（1）比例环节。

（2）惯性环节。

（3）积分环节。

（4）比例积分环节。

2. 思考题

（1）用运放模拟典型环节时,其传递函数是在哪两个假设条件下近似导出的?

（2）积分环节和惯性环节的主要差别是什么? 在什么条件下,惯性环节可以近似地视为积分环节? 在什么条件下,又可以视为比例环节?

（3）如何根据阶跃响应的波形,确定积分环节和惯性环节的时间常数?

11.2.2 【实验二】　一阶系统的时域响应及参数测定

实验日期：＿＿＿＿＿实验台号：＿＿＿＿＿班级：＿＿＿＿＿姓名：＿＿＿＿＿学号：＿＿＿＿＿

1. 报告要求

（1）记录一阶系统的时间常数 T 为 0.1s 和 1s 的单位阶跃响应曲线，由实测曲线求得时间常数 T，并与理论值比较，分析误差原因。

（2）记录一阶系统的时间常数 T 为 0.1s 和 1s 的斜坡响应曲线，并由实测曲线确定跟踪误差 e_{ss}，并与理论值比较，分析误差原因。

2. 思考题

（1）一阶系统为什么对阶跃输入的稳态误差为零,而对单位斜坡输入的稳态误差为 T?

（2）一阶系统的单位斜坡响应能否由其单位阶跃响应求得？试说明之。

11.2.3 【实验三】 二阶系统的暂态响应分析

实验日期：＿＿＿＿＿实验台号：＿＿＿＿＿班级：＿＿＿＿＿姓名：＿＿＿＿＿学号：＿＿＿＿＿

1. 报告要求

(1) 画出二阶系统的模拟电路图,根据给出的传递函数,确定二阶系统的实验电路参数。

(2) 二阶系统在单位阶跃信号作用下,记录($K=10,5,2.5,1$)示波器所测得的响应曲线。

(3) 完成实验数据记录表中实验值的测量及理论值(可以通过仿真实验得到)的计算($K=10,5,2.5,1$),并分析误差原因。

表 11-1　实验数据记录表

K	ω_n	ξ	t_r		t_p		t_s		$\delta\%$	
			理论	实验	理论	实验	理论	实验	理论	实验

误差原因：

2. 思考题

(1) 如果阶跃输入信号的幅值过大，会在实验中产生什么后果？

(2) 在模拟系统中，如何实现负反馈和单位负反馈？

(3) 为什么本实验的模拟系统中要用三只运算放大器？

11.2.4 【实验四】 三阶系统的暂态响应及稳定性分析

实验日期：_____ 实验台号：_____ 班级：_____ 姓名：_____ 学号：_____

1. 报告要求

（1）记录 $K=5,7.5$ 和 10 三种情况下的单位阶跃响应波形图,据此分析 K 的变化对系统暂态性能和稳定性的影响,并与仿真实验结果进行比较分析。

（2）作出 $K=10,T_1=0.2s,T_3=0.5s,T_2$ 分别为 0.1s 和 0.5s 时的单位阶跃响应波形图,并分析时间常数 T_2 的变化对系统稳定性的影响,并与仿真实验结果进行比较分析。

2. 思考题

（1）为使系统能稳定地工作,开环增益应适当取小还是取大? 为什么?

（2）系统中的小惯性环节和大惯性环节，哪个对系统稳定性的影响大？为什么？

（3）在三阶系统的实验中，输出为什么会出现削顶的等幅振荡？

（4）为什么图1-17和图1-20所示的二阶系统和三阶系统对阶跃输入信号的稳态误差都为零？

（5）为什么在二阶系统和三阶系统的模拟电路中所用的运算放大器都为奇数？

11.2.5 【实验五】　控制系统的稳态误差分析

实验日期：_____实验台号：_____班级：_____姓名：_____学号：_____

实验报告

（1）登录信息学院网络化实验课程平台进入自动控制原理虚拟仿真实验课程，选择控制系统稳态误差实验，在信号选择区域设定给定信号为单位阶跃信号，选择 0 型系统的开环传递函数为 $W_K(s)=\dfrac{K}{0.1s+1}$，整定系统开环增益 $K=2,5,10$ 时，测试并记录该系统的稳态误差曲线。

（2）在信号选择区域设定给定为斜坡信号，选择 0 型系统的开环传递函数为 $W_K(s)=\dfrac{K}{0.1s+1}$，整定系统开环增益 $K=2,5,10$ 时，测试并记录该系统的稳态误差曲线。

（3）在信号选择区域设定给定为单位阶跃信号，选择 Ⅰ 型系统的开环传递函数为 $W_K(s)=\dfrac{K}{s(0.1s+1)}$，整定系统开环增益 $K=2,5,10$ 时，测试并记录该系统的稳态误差曲线。

（4）在信号选择区域设定给定为斜坡信号，选择 Ⅰ 型系统的开环传递函数为 $W_K(s)=\dfrac{K}{s(0.1s+1)}$，整定系统开环增益 $K=2,5,10$ 时，测试并记录该系统的稳态误差曲线。

11.2.6 【实验六】　零极点对系统性能的影响

实验日期：_____ 实验台号：_____ 班级：_____ 姓名：_____ 学号：_____

报告要求

（1）增加极点。

登录信息学院网络化实验课程平台进入自动控制原理虚拟仿真实验课程，选择根轨迹法实验，绘制下列开环传递函数的根轨迹图，分析并说明开环传递函数增加极点后对根轨迹和系统性能指标的影响。

(a) $\dfrac{1}{s+1}$

(b) $\dfrac{1}{(s+1)(s+2)}$

(c) $\dfrac{1}{(s+1)(s+2)(s+3)}$

（2）增加或改变零点。

登录信息学院网络化实验课程平台进入自动控制原理虚拟仿真实验课程，选择根轨迹法实验，绘制下列开环传递函数的根轨迹图，分析并说明开环传递函数增加或改变零点后对根轨迹和系统性能指标的影响。

(a) $\dfrac{1}{s(s+1)(s+3)}$

(b) $\dfrac{s+4}{s(s+1)(s+3)}$

(c) $\dfrac{s+2}{s(s+1)(s+3)}$

(d) $\dfrac{s+0.5}{s(s+1)(s+3)}$

（3）分析开环增益 K 的变化对系统根轨迹的影响。

登录信息学院网络化实验课程平台进入自动控制原理虚拟仿真实验课程，选择根轨迹法实验，分析开环增益 K 对系统性能的影响，并绘制出根轨迹。设开环传递函数为：

$$W_K(s) = \frac{K}{0.1s(0.2s+1)} \quad (K = 3.125)$$

其闭环传递函数为：

$$W_B(s) = \frac{\omega_n^2}{s^2 + 2\xi\omega_n s + \omega_n^2} = \frac{12.5^2}{s^2 + 5s + 12.5^2} \quad (\xi = 0.2, \omega_n = 12.5)$$

在开环零、极点保持不变的情况下，当 K 取值为 $1,2,4,5,10,20$ 时，观察分析根轨迹的变化以及对系统性能的影响。

11.2.7 【实验七】　惯性环节频率特性的测试

实验日期：＿＿＿＿＿ 实验台号：＿＿＿＿＿ 班级：＿＿＿＿＿ 姓名：＿＿＿＿＿ 学号：＿＿＿＿

报告要求

（1）按图 3-6 接线，测试惯性环节频率特性的相关数据，填入表 11-2 中并整理。

表 11-2　频率特性测试表

ω	10	20	30	40	50	60	70
f	1.59	3.18	4.78	6.37	7.96	9.55	11.2
Δt							
X_m							
Y_m							
$\varphi(\omega)=2\pi f \Delta t$							
$A(\omega)=Y_m/X_m$							
$L(\omega)=20\lg(Y_m/X_m)$							
ω	80	90	100	110	120	150	180
f	12.7	14.3	15.9	17.5	19.1	23.9	28.7
Δt							
X_m							
Y_m							
$\varphi(\omega)=2\pi f \Delta t$							
$A(\omega)=Y_m/X_m$							
$L(\omega)=20\lg(Y_m/X_m)$							
ω	200	250	300	400	500	800	1000
f	31.8	39.8	47.8	63.7	79.6	127	159
Δt							
X_m							
Y_m							
$\varphi(\omega)=2\pi f \Delta t$							
$A(\omega)=Y_m/X_m$							
$L(\omega)=20\lg(Y_m/X_m)$							

（2）按实验数据分别画出该惯性环节的幅频、相频特性及对数频率特性，并与仿真实验结果对比分析。

（3）做出 $20\lg(Y_m/X_m)\sim\omega$ 渐近线，并且根据图像求解环节的传递函数。

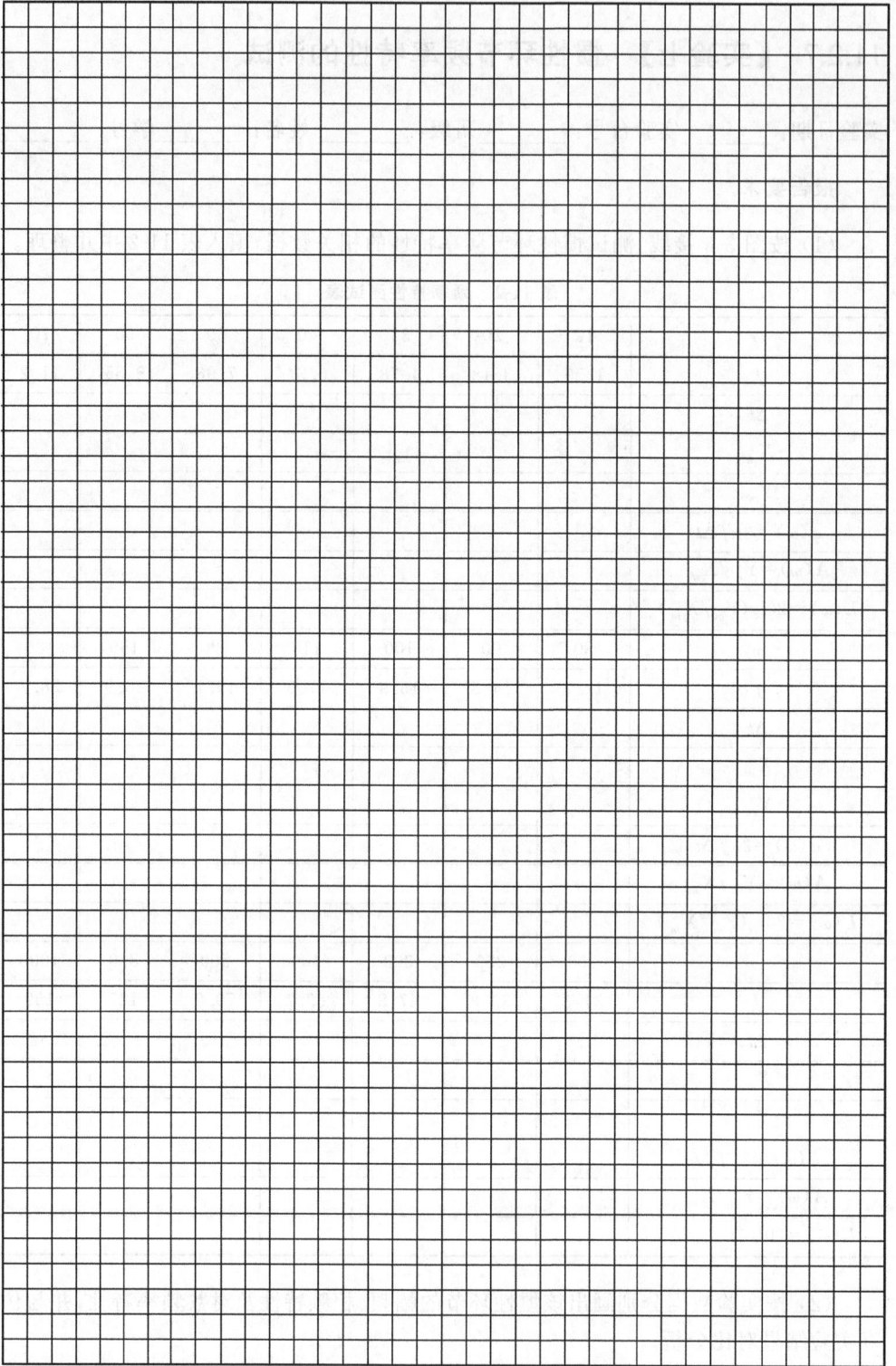

11.2.8 【实验八】 线性系统频率特性的测试

实验日期：＿＿＿＿＿实验台号：＿＿＿＿＿班级：＿＿＿＿＿姓名：＿＿＿＿＿学号：＿＿＿＿＿

1. 报告要求

（1）按图 3-8 接线，测试闭环系统频率特性的相关数据，填入表 11-3 中并整理。

表 11-3 闭环系统频率特性测试表

ω	2	4	6	8	10	11	12
f	0.32	0.64	0.96	1.27	1.43	1.59	1.91
Δt							
X_m							
Y_m							
$\theta(\omega)=2\pi f \Delta t$							
$M(\omega)=Y_m/X_m$							
$L(\omega)=20\lg(Y_m/X_m)$							
ω	16	20	25	40	60	80	100
f	2.39	3.18	3.98	6.36	9.55	12.7	15.9
Δt							
X_m							
Y_m							
$\theta(\omega)=2\pi f \Delta t$							
$M(\omega)=Y_m/X_m$							
$L(\omega)=20\lg(Y_m/X_m)$							

（2）按实验数据分别画出闭环系统的幅频、相频特性及对数频率特性，并与仿真实验结果对比分析。

（3）做出闭环系统幅频特性的渐近线，据此求出传递函数，并与理论求得的 $W(s)$ 比较，分析误差原因。

（4）根据绘制的二阶系统闭环幅频特性曲线，求取系统的带宽频率 ω_b、谐振频率 ω_p 和谐振峰值 M_p，并与理论计算的结果进行比较。

2. 思考题

（1）为什么实验中的闭环二阶系统会出现谐振？如何用实验方法确定谐振频率 ω_p 和谐振峰值 M_p？

（2）总结通过频率特性确定系统传递函数的方法。

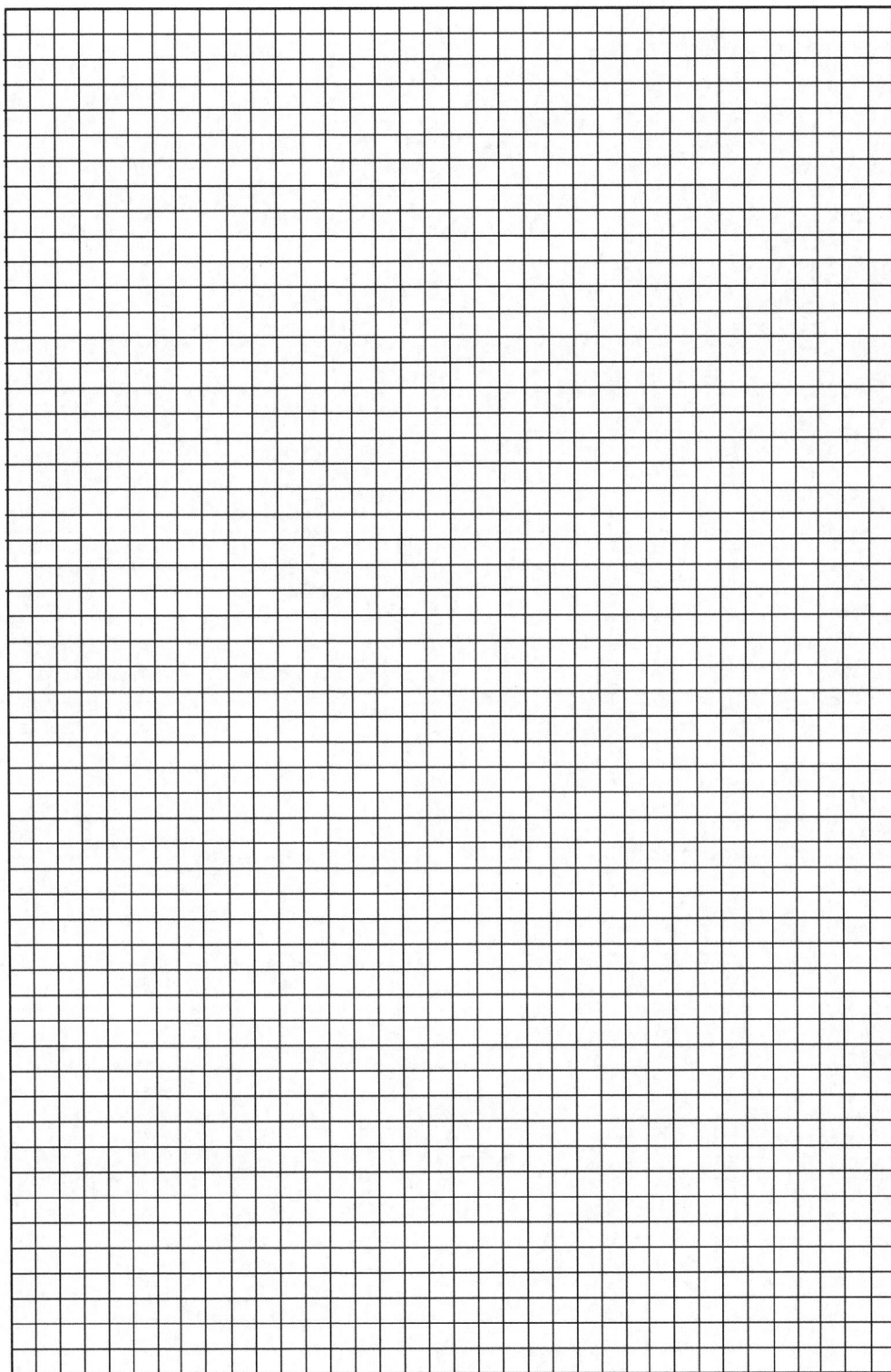

11.2.9 【实验九】 PID 控制器的动态特性

实验日期：_____ 实验台号：_____ 班级：_____ 姓名：_____ 学号：_____

1. 报告要求

(1) 令 $C=0.1\mu F$，$R_2=200k\Omega$，分别测试并记录 $R_1=100k\Omega$ 和 $200k\Omega$ 时的 PD 控制器的单位阶跃响应，与由理论求得的输出波形做分析比较，分析参数的变化对 PD 控制器性能的影响。

(2) 令 $C=0.1\mu F$，$R_1=200k\Omega$，分别测试并记录 $R_2=100k\Omega$ 和 $200k\Omega$ 时的 PI 控制器的单位阶跃响应，与由理论求得的输出波形做分析比较，分析参数的变化对 PI 控制器性能的影响。

(3) 测试并记录 PID 控制器的单位阶跃响应，与由理论求得的输出波形做分析比较。

2. 思考题

（1）试说明 PD 和 PI 控制器各适用于什么场合？它们各有什么优缺点？

（2）试说明 PID 控制器的优点。

（3）为什么由实验得到的 PD 和 PID 输出波形与它们的理想波形有很大的不同？

11.2.10 【实验十】 控制系统的动态校正

实验日期：_____实验台号：_____班级：_____姓名：_____学号：_____

1. 报告要求

（1）对象为积分环节和惯性环节组成时，按二阶系统的工程设计方法要求，确定系统所引入校正装置的传递函数，并画出模拟电路图。

（2）测试并记录校正前后系统的单位阶跃响应。通过实验所得波形，确定系统的性能指标，并与理想性能指标比较，如果实测指标达不到设计要求，该如何调节，分析原因。

（3）对象由两个惯性环节和积分环节组成时，按三阶系统的工程设计方法要求，确定系统所引入校正装置的传递函数，并画出模拟电路图。

（4）测试并记录校正前后系统的单位阶跃响应。通过实验所得波形，确定系统的性能指标，并与理想性能指标比较，如果实测指标达不到设计要求，该如何调节，分析原因。

2. 思考题

（1）二阶系统与三阶系统的工程设计依据是什么？

（2）在三阶系统工程设计中，为什么要在系统的输入端串接滤波器？

（3）按二阶系统和三阶系统的工程设计，系统对阶跃输入的稳态误差为什么都为零？但对斜坡信号输入，为什么二阶系统有稳态误差，而三阶系统的稳态误差为零？

11.2.11 【实验十一】 典型非线性环节的模拟

实验日期:_____实验台号:_____班级:_____姓名:_____学号:_____

1. 报告要求

(1)设计继电器特性的模拟电路图,记录其非线性特性曲线,调节相关参数,观察它们对非线性特性的影响。

(2)设计饱和特性的模拟电路图,记录其非线性特性曲线,调节相关参数,观察它们对非线性特性的影响。

(3)设计死区特性的模拟电路图,记录其非线性特性曲线,调节相关参数,观察它们对非线性特性的影响。

(4) 设计回环非线性特性的模拟电路图,记录其非线性特性曲线,调节相关参数,观察它们对非线性特性的影响。

(5) 设计带回环的继电器非线性特性的模拟电路图,记录其非线性特性曲线,调节相关参数,观察它们对非线性特性的影响。

2. 思考题

(1) 如果限幅电路改接在运算放大器的反馈回路中,则非线性特性将发生什么变化?

(2) 带回环的继电器特性电路中,如何确定环宽电压?

11.2.12　【实验十二】　信号的采样与恢复

实验日期：_____实验台号：_____班级：_____姓名：_____学号：_____

1. 报告要求

（1）改变采样频率 $f_s = f_B$，记录示波器显示的采样后的正弦波形以及低通滤波器恢复后的信号（要求有原始正弦波对比）。

（2）改变采样频率 $f_s = 2f_B$，记录示波器显示的采样后的正弦波形以及低通滤波器恢复后的信号（要求有原始正弦波对比）。

（3）改变采样频率 $f_s = 4f_B$，记录示波器显示的采样后的正弦波形以及低通滤波器恢复后的信号（要求有原始正弦波对比）。

（4）对比上述三个采样频率下的恢复信号的失真度。

2. 思考题

（1）理想采样开关与实际采样开关有何不同？

（2）香农采样定理的物理意义是什么？

（3）为什么说零阶保持器不是理想的低通滤波器？

（4）对于具有负反馈的二阶连续系统，无论开环增益的数值有多大，系统都是稳定的，对于二阶闭环采样系统是否存在上述结论？为什么？

11.3　系统实验报告

11.3.1　【实验一】　旋转运动控制系统的设计

实验日期：_____实验台号：_____班级：_____姓名：_____学号：_____

（1）电动机刚上电时速度为 0，光电检测脉冲周期测量为 0，那么脉冲频率测量为无限大，应该怎么办？

（2）为避免损坏电动机，可变电源输出初始电压一定要设为 0V，在程序上如何编写该功能？

（3）程序中的每通道采样率通常设置为采样率的_____，为什么？

（4）当设定转速为 1000r/min 和 500r/min 两种情况下，优化控制器参数使其达到理想效果，并记录两种情况的控制器参数及输入输出曲线。

（5）优化上位机界面，使其更加友好，附界面及程序截图。

11.3.2 【实验二】　单自由度垂直起降飞行器控制系统的设计

实验日期：_____实验台号：_____班级：_____姓名：_____学号：_____

1. 预习报告

(1) 确定 QNET VTOL 实验板包括那些组件？

① _____

② _____

(2) 为了搭载 QNET VTOL 实验板，还需要准备的硬件有哪些？

① _____

② _____

③ _____

(3) 为了正常运行程序，需要确保安装哪些软件和所需的附加组件(工具包)？

① _____

② _____

③ _____

④ _____

(4) 简述 QNET VTOL 板的上电和断电顺序？

(5) 在 QNET VTOL 板上，+15V、−15V 和 +5V LED 为亮绿色，但外部电源 LED 未点亮。出现该故障的可能原因有哪些？

（6）绘制飞行器系统的等价结构图,运用已知的定律和定理建立系统的数学模型,确定单自由度垂直起降飞行器 VTOL 的传递函数(需要详细推导过程)。

（7）简述超定方程组的定义,求出最小二乘法的最优解,其解表示形式为 $\hat{\alpha} = (Z^T Z)^{-1} Z^T Y$,写出详细推导过程。

（8）分析控制系统电流内环的作用是什么？

2. 虚拟仿真实验报告

（1）系统参数测定及内环 PI 参数整定。

① 测量平衡电流 I_{eq}。

观察并记录俯仰角为 0deg 时的电流输出响应曲线，并记录此时的 I_{eq}。

② 测量固有频率 ω_n。

截取俯仰角的振荡周期 T，计算自然振荡角频率 ω_n，并记录曲线。

③ 测量电动机电阻 R_m。

以 1.0V 的步长改变开环电压，将开环电压 5.0～8.0V 的电流值记录在表 11-4 中，计算平均电阻 $R_{m,avg}$，分析不同开环电压下测量的实际电阻值会产生的变化。

表 11-4　电流值记录表

电压/V	电流/A	电阻/Ω
5		
6		
7		
8		
平均电阻：$R_{m,avg}$		

④ 根据性能指标：$\omega_n=17.5\mathrm{rad/s}$，$\xi=0.7$，假定电动机电感 $L_m=2\mathrm{H}$，使用实验获得的平均电阻作为电动机电阻 R_m，计算电流环 PI 控制参数 k_p 和 k_i。观察并记录此时的电流输出响应曲线。

⑤ 观察并记录 $k_i=50\mathrm{V/A\cdot s}$（即低积分增益）时的电流输出响应。

⑥ 观察并记录 $k_p=0\mathrm{V/A}$（即没有比例增益）时的电流输出响应。

⑦ 分析比例、积分增益对电流输出的影响。

（2）外环控制器的参数整定及系统稳定性分析（完成远程实验及报告后进行这部分实验）。

① 计算满足 1.25s 峰值时间和 20% 超调所需的固有频率 ω_n 和阻尼比 ξ。

② 计算 PID 增益 k_p，k_i 和 k_d，需要满足 QNET VTOL 设定指标，假定 $p_0=1$，$K=0.04\text{Nm/deg}$，$K_t=0.1\text{Nm/A}$，$J=0.0044\text{kg/m}^2$。

③ 观察控制效果。

使用上述所设计的 PID 控制器的增益参数时，观察并记录 QNET VTOL 的输出响应曲线。测量响应的峰值时间和超调百分比，并分析 QNET VTOL 响应是否满足参数要求。

④ 外环为 PD 控制器时的稳态误差分析。

假设 $K=0.04\text{Nm/deg}$，$K_t=0.1\text{Nm/A}$，使用理论计算的 k_p 和 k_d 值，计算 $R_0=4\text{deg}$ 时 QNET VTOL 理论稳态误差。使用此 PD 控制器时，观察并记录 QNET VTOL 的阶跃响应曲线，测量稳态误差，并将测量的稳态误差与计算的理论值进行对比。

⑤ 外环为 PID 控制器时的稳态误差分析。

使用理论计算的 k_p，k_i 和 k_d 值，计算 $R_0=4\text{deg}$ 时 QNET VTOL 理论稳态误差。观察并记录使用 PID 控制器时，QNET VTOL 的阶跃响应曲线，并测量稳态误差，并将测量的稳态误差与计算的理论值进行对比。

⑥ 用根轨迹法和频率法分析系统动态特性，并绘制根轨迹图及伯德图。

3. 远程实验报告

(1) 计算电流的输入信号(即激励信号)和俯仰角(即响应信号)的数学模型。

通过模型推导可得到俯仰角 θ 对输入电流 I 的动态传递函数:

$$\frac{\theta(s)}{I(s)} \equiv P(s) = \frac{K_t}{J\left(s^2 + \dfrac{B}{J}s + \dfrac{K}{J}\right)}$$

查找硬件参数表,并根据已测得的系统参数计算出俯仰轴的转动惯量 J,QNET VTOL 的刚度系数 K 和推力-电流扭矩常数 K_t,得到系统的数学模型,并求得系统的零、极点。

(2) 获取电流和俯仰角的输入输出数据。

观察实际系统输出的响应曲线与数学建模得到的传递函数得出的输出响应曲线匹配程度,观察并记录响应曲线。

（3）使用 LabVIEW 系统辨识工具得到辨识出的传递函数。

确定系统模型结构，使用 LabVIEW 自带的系统辨识工具包编写程序，完成对系统实际模型的辨识任务，即根据给出的采样数据得到实际系统的传递函数模型，并以零极点的形式显示。附程序图及前面板。

（4）比较使用数学模型传递函数输出的响应曲线与辨识模型的输出响应曲线的差异。

观察数学模型传递函数输出的响应曲线与辨识模型的输出响应曲线的差异，并记录曲线。

11.3.3 【实验三】　一阶旋转倒立摆控制系统的设计

实验日期：_____实验台号：_____班级：_____姓名：_____学号：_____

1. 预习报告

（1）确定 QNET Rotary Inverted Pendulum 实验板包括那些组件？

①＿＿＿＿＿＿＿＿＿＿＿＿＿＿＿＿＿＿＿＿＿＿＿＿＿＿＿＿＿＿＿＿＿＿

②＿＿＿＿＿＿＿＿＿＿＿＿＿＿＿＿＿＿＿＿＿＿＿＿＿＿＿＿＿＿＿＿＿＿

（2）为了搭载 QNET Rotary Inverted Pendulum 实验板，还需要准备的硬件有哪些？

①＿＿＿＿＿＿＿＿＿＿＿＿＿＿＿＿＿＿＿＿＿＿＿＿＿＿＿＿＿＿＿＿＿＿

②＿＿＿＿＿＿＿＿＿＿＿＿＿＿＿＿＿＿＿＿＿＿＿＿＿＿＿＿＿＿＿＿＿＿

③＿＿＿＿＿＿＿＿＿＿＿＿＿＿＿＿＿＿＿＿＿＿＿＿＿＿＿＿＿＿＿＿＿＿

（3）NI ELVIS Ⅱ平台的一阶旋转倒立摆系统是怎样确定原点的？

（4）绘制旋转倒立摆系统的等价结构图，运用已知的定律和定理建立的系统的数学模型，推导一阶旋转倒立摆在平衡点处的状态空间模型（需要详细推导过程）。

（5）运用相关定理对旋转倒立摆系统进行稳定性分析，包括能控能观性分析。

2. 远程实验报告

（1）阻尼特性。

固定旋臂的角度，并扰动摆杆，观察摆杆的旋转角度 α 和旋臂的旋转角度 θ 响应，改变旋臂的角度的同时扰动摆杆，观察摆杆的旋转角度 α 和旋臂的旋转角度 θ 响应，分析摆杆同一位置释放，为什么固定旋臂的摆杆静止时间比不固定旋臂需要的时间长。

（2）摩擦特性。

分别以 0.10V 和 −0.10V 的步长更改偏置电压设置，直到摆杆开始移动，记录此时的倒立摆移动的电压，并分析系统的摩擦特性，即在给电动机激励信号时为什么电动机存在死区。

（3）计算转动惯量的理论值。

假设旋转倒立摆系统中的摆杆质量分布均匀，结合参数表给出的参数，用理论公式计算转动惯量 J_p 的理论值。

（4）用实验的方法测量转动惯量。

观测并记录摆杆在扰动后需要经过多长时间才能停止及这段时间内经历了几个摆动周期。根据公式计算出转动惯量 J_p，并分析与理论值产生误差的原因。

3. 虚拟仿真实验报告

（1）一阶旋转倒立摆的平衡控制实验。

① 将参数表中的参数填入参数区，其中 J_p 设置为实验测量值，将计算的模型状态空间表达式填入对应的矩阵。记录并观察系统零极点图，观察 J_p 的变化对系统零极点位置的影响，填入表 11-5 中，并分析系统特性。

表 11-5　实验记录表格

次数	J_p	零极点
1		
2		
3		

② 通过实验的方式确定系统为非最小相位系统。

观察并记录 $Q(1,1)=10$ 时摆杆的旋转角度 α 和旋臂的旋转角度 θ 响应曲线，分析如何通过系统的输出动态响应曲线确定系统为非最小相位系统。

③ 研究矩阵 **Q** 中元素的变化对系统输出性能的影响。

观察并记录摆杆旋转角度 α 和旋臂旋转角度 θ 响应曲线,分析矩阵 **Q**(1,1)和 **Q**(3,3)元素的变化对系统输出性能的影响。

④ 设计一个符合以下规格的平衡控制器,臂峰值时间小于 0.75s:$t_p \leqslant 0.75$s,电动机电压峰值小于 ±9V:$|V_m| \leqslant 9$V,摆角小于 15.0deg:$|\alpha| \leqslant 15.0$deg。

记录满足上述控制增益指标的 **Q** 和 **R** 矩阵,观察并记录系统输出响应曲线。

(2) 一阶旋转倒立摆的起摆平衡切换控制实验。

① 测量平衡位置的能量值

在平衡实验中观察摆杆能量 E 的变化,记录摆杆 180°时的能量值。

② 分析能量控制参数 E_r 在旋转倒立摆系统的作用。

观察 E_r 为 11.0mJ 和 15.0mJ 时,摆杆模型摆起幅度,并记录摆杆角度和旋臂角度的曲线,分析能量控制参数在旋转倒立摆系统中的作用。

③ 分析能量控制参数 μ 在旋转倒立摆系统的作用。

在控制参数中,将 E_r 固定为 10.0mJ,观察控制增益 μ 为 10 和 80 时,摆杆模型摆起幅度并记录摆杆角度和旋臂角度的曲线,分析控制增益 μ 在旋转倒立摆系统中的作用。

④ 一阶旋转倒立摆的起摆平衡控制。

优化一组能量控制参数,设置起摆和平衡控制器的切换角度,使倒立摆可以实现起摆平衡控制,记录其摆杆角度和旋臂角度的曲线。

⑤ 在真实起摆控制中,为什么要对摆杆加一个扰动才能正确起摆。

11.4　常用仪器设备使用预习报告

实验日期：＿＿＿＿＿实验台号：＿＿＿＿＿班级：＿＿＿＿＿姓名：＿＿＿＿＿学号：＿＿＿＿＿

1. 填空题

（1）设计电路时，需用电路板上＿＿＿＿＿电阻和电容，避免＿＿＿＿＿，以＿＿＿＿＿电路误差。

（2）各运算放大器上的电阻＿＿＿＿＿互换使用，电容＿＿＿＿＿互换使用。

（3）B6 区域运放的正输入端＿＿＿＿＿，如果使用需要＿＿＿＿＿。

（4）可以通过＿＿＿＿＿验证运算放大器是否损坏，如有损坏及时更换。

（5）自动控制原理电路板上如果检测不到方波信号，可检查上下两块电路板的＿＿＿＿＿是否连接好。

（6）上电后电源指示不亮，可使用＿＿＿＿＿测量电源处电压，如果电压异常，即＿＿＿＿＿，如果电压值正常，则＿＿＿＿＿。

（7）使用万用表测量电阻值时，需＿＿＿＿＿。

（8）使用示波器自动测量功能显示测量数值时，要求波形曲线不能有＿＿＿＿＿，同时必须保证屏幕内至少显示＿＿＿＿＿周期的曲线。

（9）XY 模式测量时，示波器默认＿＿＿＿＿为 X 轴，＿＿＿＿＿为 Y 轴。

2. 简答题

（1）如何使用万用表进行通断性测试？

（2）在示波器中如何设置探头的衰减比？如何对无源探头进行补偿？

（3）示波器使用过程中按 Default Setup 键后，如何设置示波器时间基准为居左，采集模式为高分辨率？

（4）在虚拟示波器实验中，将信号发生器中的正弦波信号接入示波器的通道 1，调节其时间轴坐标为 20 毫秒/格，纵坐标为 500 毫伏/格，并适当调节正弦波上下位置，记录图像。

（5）使用示波器通道 1 测量正弦波信号时，在通道 1 的菜单设置中，是否应该将耦合方式选择交流？为什么？

（6）如何开启示波器通道的反相功能？

（7）在虚拟示波器实验中，将信号发生器中的正弦波信号接入示波器的通道 1，如何通过自动测量功能测量信号的频率和峰峰值？记录测量图像。

（8）如何调用示波器的余晖功能？

（9）如何改变示波器的时间模式为 XY？

（10）如何在计算机上调用基于浏览器的远程前面板，网络控制和本地控制哪个优先级高？

参 考 文 献

[1] 王建辉,顾树生.自动控制原理[M].北京:清华大学出版社,2007.
[2] 王建辉,等.自动控制原理习题详解[M].北京:清华大学出版社,2010.
[3] 程鹏.自动控制原理实验教程[M].北京:清华大学出版社,2008.
[4] 景州,张爱民.自动控制原理实验指导[M].西安:西安交通大学出版社,2014.
[5] 丁红,贾玉瑛.自动控制原理实验教程[M].北京:北京大学出版社,2015.
[6] 胡乾苗.LabVIEW 虚拟仪器设计与应用[M].北京:清华大学出版社,2016.
[7] 龙华伟,伍俊,顾永刚,等.LabVIEW 数据采集与仪器控制[M].北京:清华大学出版社,2016.
[8] 杨智,袁媛,贾延江.虚拟仪器教学实验简明教程[M].北京:北京航空航天大学出版社,2008.
[9] 王秀萍,余金华,林丽莉.LabVIEW 与 NI-ELVIS 实验教程[M].杭州:浙江大学出版社,2012.

图 书 资 源 支 持

感谢您一直以来对清华大学出版社图书的支持和爱护。为了配合本书的使用，本书提供配套的资源，有需求的读者请扫描下方的"书圈"微信公众号二维码，在图书专区下载，也可以拨打电话或发送电子邮件咨询。

如果您在使用本书的过程中遇到了什么问题，或者有相关图书出版计划，也请您发邮件告诉我们，以便我们更好地为您服务。

我们的联系方式：

教学资源·教学样书·新书信息

地　　址：北京市海淀区双清路学研大厦 A 座 701

邮　　编：100084

电　　话：010-83470236　010-83470237

人工智能科学与技术
人工智能|电子通信|自动控制

资料下载·样书申请

资源下载：http://www.tup.com.cn

客服邮箱：tupjsj@vip.163.com

QQ：2301891038（请写明您的单位和姓名）

书圈

用微信扫一扫右边的二维码,即可关注清华大学出版社公众号。